HISTOIRE

DE

L'ASSOCIATION AGRICOLE

ET

SOLUTION PRATIQUE.

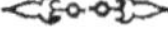

PARIS, IMPRIMÉ PAR PLON FRÈRES,

36, RUE DE VAUGIRARD.

HISTOIRE

DE

L'ASSOCIATION AGRICOLE

ET

SOLUTION PRATIQUE,

OUVRAGE COURONNÉ PAR L'ACADÉMIE DE NANTES;

PAR EUGÈNE BONNEMÈRE,

PROPRIÉTAIRE,

AUTEUR DES PAYSANS AU DIX-NEUVIÈME SIÈCLE,

MÉMOIRE COURONNÉ PAR LA MÊME ACADÉMIE.

PARIS,

DUSACQ, A LA LIBRAIRIE AGRICOLE,

RUE JACOB, 26;

ET A LA LIBRAIRIE SOCIÉTAIRE,

QUAI VOLTAIRE, 25.

1850

Dans sa séance publique du 20 novembre 1848,
l'Académie de Nantes mit au concours la question
suivante :

« Application du principe de l'association libre dans
» le travail agricole, avec le maintien absolu de la
» famille chrétienne ;
» Historique des différentes tentatives d'association
» dans l'antiquité, au moyen âge et chez les moder-
» nes ;
» Critique des théories et des essais de réalisation ;
» Solution pratique. »

Comme, jugée à un an de distance, cette question
pouvait sembler indiscrète, par cela même qu'elle
était plus que jamais à l'ordre du jour, la commission
chargée de juger le concours crut devoir prendre un
moyen terme, et, tout en proclamant qu'il y avait

lieu de décerner le prix au mémoire que nous publions aujourd'hui, elle décida que l'ouvrage ne serait pas inséré dans le bulletin de la Société et que la publicité lui serait refusée. L'auteur prend donc sur lui d'offrir son travail au public, heureux si les études d'un homme sincèrement attaché à la cause de l'ordre par tous les liens sociaux de la famille et de la propriété atteignent ce résultat, de faire tomber quelques erreurs, fruits d'une ignorance souvent involontaire, et de jeter quelque lumière sur ces malentendus, sur ces équivoques maudites, ou maudits, qui menacent de ramener sur nos têtes les époques les plus sombres et les luttes les plus sanglantes du passé.

L'ouvrage était précédé des lignes suivantes qu'il nous a semblé utile de conserver.

Le temps présent est gros de l'avenir.

LEIBNITZ.

« MESSIEURS,

» Jamais peut-être on n'avait soumis aux investigations des esprits curieux à la fois des souvenirs du passé et des mystères de l'avenir une question aussi vaste et d'une importance actuelle aussi considérable. C'est en effet la question du siècle, l'énigme fatale jetée aux sociétés modernes, et dont il faut trouver le mot. J'aurais reculé si je n'avais consulté que mes forces. Mais il m'a semblé que c'était un devoir pour chacun de répondre à votre intelligent appel, afin qu'en acceptant ces graves discussions au sein des sociétés savantes, on ne laisse aucun prétexte à ceux qui voudraient les faire descendre sur le pavé toujours frémissant de la rue. J'espère donc, à force de bon-vouloir, me faire pardonner mon insuffisance.

» Il me faut discuter des théories, critiquer des essais, exposer des solutions. Tâchons tout d'abord d'éviter les stériles logomachies et de préciser le sens et la valeur des mots qui expriment les idées nouvelles que nous allons passer en revue. Il en est deux — communauté, association — que nous aurons à employer fréquemment. On affecte aujourd'hui de les confondre, bien que les idées qu'ils représentent n'aient entre elles aucune synonymie. La communauté exclut toute idée de propriété individuelle ; les droits de tous sont en principe égaux sur la chose commune, c'est l'égalité en fait et en droit, réglementée par une autorité plus ou moins absolue. L'association n'est nullement incompatible avec l'idée de propriété individuelle ; l'association, c'est la proportionnalité, la hiérarchie. Si l'on envisage ces deux termes au point de vue du capital seulement, trois industriels qui confondent des capitaux de cent, deux cent et trois cent mille francs ont en communauté un droit égal dans les profits, tandis qu'en association leurs bénéfices sont proportionnels à leur apport, et leurs gains sont entre eux comme un est à deux, est à trois. Enfin il y a entre ces deux mots toute la distance qui sépare le juste de l'arbitraire, le vrai du faux, le possible de l'impossible.

» Exposer les tentatives d'association agricole au moyen âge, c'est raconter l'histoire de l'agriculture depuis les premiers jours du christianisme jusqu'au dix-huitième siècle, durant lequel l'individualisme grandit peu à peu, le principe de l'association s'amoindrit, pour disparaître enfin aux jours de la révolution, alors que, voulant briser tous les obstacles à l'existence de l'unité nationale, la loi tua la commune comme personne civile. Et, qu'on le comprenne bien, ce ne fut pas exceptionnellement que l'agriculture fut pratiquée pendant dix-sept siècles par de nombreux travailleurs unis d'intérêts. L'association agricole fut le fait général et constant, et j'espère donner à cette assertion toute la force d'une vérité historique irrécusable. »

HISTOIRE

DE

L'ASSOCIATION AGRICOLE

ET

SOLUTION PRATIQUE.

CHAPITRE PREMIER.

COMMUNAUTÉS RELIGIEUSES.

Ermites et Cénobites. Monastères, Couvents, Obédiences. Saint - Benoît.
Robert d'Arbrissel. Premières luttes du Communisme chrétien et de
l'Individualisme. L'idée d'Association apparaît et se dégage.

> Quiconque d'entre vous ne renonce pas à tout
> ce qu'il a, ne peut être mon disciple.
> SAINT LUC, XII, 33.

Le Christ avait apporté aux sociétés païennes, basées
sur l'esclavage, le dogme sublime de la liberté, de l'égalité,
de la fraternité. Trop peu nombreux d'abord pour résister
aux calomnies, aux insultes et aux persécutions, les premiers chrétiens quittèrent le monde et embrassèrent la vie
érémitique.

Bientôt le désert et les solitudes se peuplèrent, et à
la voix de Pacôme, d'Antoine et de Paul, les nouveaux
convertis se groupèrent en commun et remplirent le

1.

Carmel et le Liban des merveilles du travail et de la prière. Trente ou quarante moines habitaient sous le même toit, l'agrégation d'un même nombre de ces maisons pieuses formait un monastère qui comptait par conséquent douze à seize cents moines. Chaque monastère avait un abbé, chaque maison un supérieur, un prévôt, *præpositum;* chaque dizaine de moines un doyen, *decennarium;* quelques religieux veillaient sur la conduite de cent autres, *centenarios.*

Un disciple d'Antoine, Hilarion, en établit de semblables en Palestine, et ils ne tardèrent pas à se répandre dans toute la Syrie; d'autres s'établirent dans l'Asie et l'Afrique. Saint Athanase fit connaître à l'Italie les pratiques de la vie monastique, que saint Martin introduisit dans les Gaules. *Qui laborat, orat,* dit le saint Livre, Qui travaille, prie. Le travail de la terre absorbait tout le temps que leur laissait le soin du ciel. Les fruits du sol étaient leur seule nourriture, et ils trouvaient le moyen, au sein de leur pauvreté, de faire encore d'abondantes aumônes. Tout ce qu'ils ne consommaient pas était le patrimoine des pauvres, et toute vente, tout commerce leur était interdit. « Le négoce, avait dit le pape Alexandre III dans son canon d'interdiction, est défendu aux clercs et aux religieux, à cause de l'avidité du gain, qui est le motif ordinaire de ceux qui embrassent cette profession. »

Tandis que les plaines fertiles étaient aux mains de barbares qui ne savaient pas les cultiver, les brûlantes solitudes de l'Asie et de l'Afrique se changeaient en terres fécondes, les cimes des montagnes se couronnaient de forêts nouvelles, des terrasses s'étageaient sur leurs flancs arides, glorifiant la toute-puissance du génie humain; et c'est ainsi qu'était donné pour la première fois au monde encore à moitié païen ce grand et sublime spectacle du travail libre exécuté par des hommes libres.

Partout où quelque imposant souvenir historique attachait la pensée, on voyait bientôt s'élever un monastère. C'étaient comme les bornes milliaires que l'humanité plaçait sur sa route pour la jalonner, et chacun de ses pas était une conquête de la fécondité sur la stérilité. Ainsi, un couvent remplaçait la maison de Pilate; un autre, au mont Sinaï, prenait le nom significatif de la Transfiguration. Plus tard, Charlemagne en bâtit un à Roncevaux, pour consacrer la mémoire de Roland; plus tard encore, on en vit s'élever un à Bovines, aux lieux où Philippe-Auguste offrit au plus digne cette couronne qui mérita de rester sur son front royal.

De tout temps les moines d'Occident, placés au milieu de populations relativement plus civilisées, avaient donné une plus grande part à la contemplation oisive. Saint Benoît comprit ce danger et résolut d'y porter remède. Il vint s'isoler, à quarante milles de Rome, dans le désert de Subliaco, et, dans une caverne affreuse, mûrir le projet des grandes réformes qui couvaient dans son sein.

Bientôt il éleva un monastère à Cassin, village sur le penchant d'une montagne élevée. Sa règle, qui ne tarda pas à être adoptée par la plupart des cénobites d'Occident, fut à la fois la source de la tranquillité des premiers moines et de l'opulence de l'ordre.

Plusieurs siècles plus tard, en 1465, des artistes de Mayence s'arrêtèrent à Subliaco, où se trouvaient des moines allemands; ils possédaient le secret d'un art tout nouveau, et qui allait révolutionner le monde. Dans cette pieuse solitude, ils composèrent la fameuse édition de *Lactance*, qui fut le premier livre imprimé en Italie. Ainsi, du lieu même où était parti le père de ces laborieux bénédictins, devait se répandre sur l'Italie, et de là sur le monde entier, la merveilleuse invention de Guttemberg. Ces fruits de l'arbre de science allaient-ils perdre le monde une fois encore ou le reconquérir?

L'ordre de Saint-Benoît fut la tige de plusieurs autres,

des Camaldules, des Chartreux, de Cîteaux, de Vallom-
breuse, de Grammont, des Célestins, de Cluni, de Saint-
Justin de Padoue, de Saint-Maur, Saint-Vannes, Saint-
Hidulphe...

Vers les derniers jours du onzième siècle, un homme
nommé Robert, né dans le village d'Arbrissel, aux environs
de Rennes, parcourt les villes et entraîne à sa suite des
populations entières. Les premiers disciples du catholicisme
avaient rabaissé la femme, saint Paul, entre autres, avait
poussé pour elle la sévérité jusqu'à l'injustice ; la dernière
créature sortie des mains de Dieu n'était plus que le *Vas
infirmius* auquel le concile de Mâcon avait à grand' peine
consenti à reconnaître une âme. Robert entreprit de protester contre ce préjugé de tous les siècles, et de relever la
femme dans son rang et dans sa dignité. Comme son divin
Maître, qui avait pardonné à la femme adultère et à la
Madeleine coupable, il s'adresse aux filles de joie, qui
accueillent avidement la parole de rédemption. Il n'y avait
pas moins de trois mille personnes à sa suite, lorsqu'il
comprit la nécessité de dresser ses tentes et de s'arrêter. Il
choisit aux confins de l'Anjou et de la Bretagne un désert
inculte et sauvage, et il annonce que c'est là qu'il faut
vivre. Le sol est aride, mais, comme Moïse, Robert frappe
le rocher et la source jaillit [1]. Chacun se met à l'œuvre et
les constructions s'élèvent ; les collines se couronnent de
riches plantations et les landes deviennent des forêts, les
marais sont desséchés, la charrue défriche la terre hérissée
de ronces, et de splendides moissons rendent au centuple les
grains que la nouvelle colonie a semés. Les femmes mêmes
prennent part aux premiers travaux de culture, mais le

[1] Dans notre siècle d'incrédulité, on peut penser que ce fut le reboisement
des crêtes élevées qui donna naissance à la source de la plaine.

fondateur leur réserve une plus noble mission. Il destine les hommes au travail et les femmes à la prière. Une femme était la supérieure et commandait aux hommes. On choisissait une femme élevée dans le monde, « parce qu'une vierge du cloître, ne connaissant que les choses spirituelles et la contemplation, ne saurait gouverner les affaires extérieures et se reconnaître au milieu du tumulte du monde. »

La fondation pieuse grandit dans des proportions inespérées, et des familles entières vinrent se soumettre à la règle de ces nouveaux bénédictins. Des couvents de veuves, de filles, de laïques, de soldats, d'infirmes s'élevèrent autour du monastère principal, et bientôt cette ruche féconde dut verser de nombreux essaims et porter la richesse et la vie au sein de nouvelles solitudes.

Du vivant même de Robert d'Arbrissel, ses *pauvres de Jésus-Christ* devaient à leurs travaux agricoles de grandes richesses. Un de ses compagnons, Raoul de la Futaye, s'établit dans la forêt de Nid-de-Merle, tandis qu'un autre bénédictin, Vital, choisit les bois de Savigny. La forêt de l'Orges, dans le diocèse d'Angers ; Chamfournois et Bellay, en Touraine ; la Puie, en Poitou ; l'Encloître, dans la forêt de Gironde ; Guisne, près de Loudun ; Luçon, en Anjou ; la Lande, en Beauchêne, dans les landes de Garnache ; la Madeleine d'Orléans ; Bourbon, en Limousin ; Cadouin, en Périgord ; Orsan, dans le Berry ; Haute-Bruyère, dont l'abbesse, la reine Bertrade, avait su faire asseoir à la même table ses deux époux, Foulques Rechin, comte d'Anjou, et Philippe Ier, roi de France ; la Gasconière, l'Espinasse, les Loges, le Relai, furent autant de colonies de Fontevrault, autant de terres incultes et sauvages qui devinrent de riches campagnes.

Les Bénédictins de Fontevrault en vinrent à se partager la France ; leur institut était divisé en quatre provinces : France, Aquitaine, Auvergne et Bretagne. La première contenait quinze prieurés, la seconde quatorze, la troisième quinze, et la quatrième treize.

Voilà ce que peut un seul ordre religieux; voilà quels furent depuis le troisième jusqu'au douzième siècle les conquêtes de l'agriculture sous l'empire du fécondant principe de l'association. Isolés, tous ces hommes de bon vouloir n'eussent pu lutter contre la barbarie de leur siècle; associés, ils domptèrent la nature, mirent la fécondité à la place de la stérilité; ils conservèrent comme un dépôt les connaissances de l'antiquité et les principes de l'agriculture, que nous allons les voir transmettre aux communes lorsqu'elles s'organisèrent aux douzième et treizième siècles, et, par leur affranchissement collectif, préparèrent l'affranchissement individuel des hommes.

Les adversaires mêmes des couvents ont reconnu les immenses travaux agricoles auxquels ils se livraient. J'emprunte à Diderot, dans l'Encyclopédie, les lignes suivantes : « Cependant les moines firent de grands défrichements, on leur donna des terres incultes qu'ils mirent en valeur, et ils acquirent par cet art simple et naturel des richesses qui auraient fait ombrage à leurs propres bienfaiteurs, si l'on n'eût eu soin de temps en temps de les leur enlever par parcelles. »

Suivant Boulainvilliers, « dans le septième siècle, les églises absorbaient presque toutes les richesses... Le seul évêché de Troyes, le plus petit de toute la Champagne, valait beaucoup mieux que tout le duché entier. » Malgré cette profusion de couvents qui couvrait le sol de la France, ils ne pouvaient suffire à cultiver leurs immenses possessions. « Les moines, dit un célèbre jurisconsulte du siècle dernier, ne pouvant plus cultiver eux-mêmes un si grand nombre de terres, ils imaginèrent une espèce de baux emphytéotiques, qu'ils nommèrent *convenientiæ*, et qui, sans les dépouiller de la propriété, leur assurait un revenu certain.» (Dénisart, *Collection de Jurisprudence*, art. *Biens*.)

Telle est, sans nul doute, l'origine du mot couvent, *con-
ventus , convenientiæ*.

Ce ne fut pas en France seulement, mais par toute
l'Europe, que les religieux étendirent sur le sol leur influence créatrice. « Les Bénédictins, dit M. Guizot dans son
Histoire de la Civilisation, ont été les défricheurs de l'Europe; ils ont défriché en grand, en associant l'agriculture
à la prédication. Une colonie, un essaim de moines, peu
nombreux d'abord, se transportaient dans des lieux incultes, ou à peu près, souvent au milieu d'une population
encore païenne, en Germanie, par exemple, en Bretagne,
et là, missionnaires et laboureurs à la fois, ils accomplissaient leur double tâche, souvent avec autant de périls que
de fatigue. » Les moines, dans l'Angleterre catholique, of-
frent à nos regards le même spectacle que nous avons ad-
miré en France. « Réveillés avant l'aube par la cloche du
monastère, ils vaquaient d'abord à de pieux offices; ensuite
ils s'en allaient aux champs sur les terres appartenant à
l'Eglise, et leur travail, dirigé par un système de culture
plus intelligent et plus éclairé, donnait aux biens ecclésiastiques une grande supériorité sur ceux des autres
propriétaires. Les biens qui dépendaient des monastères
étaient aussi mieux cultivés, et les terres en jachère s'y
trouvaient en plus petite quantité. Les moines possédaient
des jardins et des vergers qui produisaient des figues, du
raisin, des poires, des amendes et des pommes. Ils ne
négligeaient pas les plantations pittoresques; ils dessi-
naient des bosquets et plantaient des arbres d'agrément
aussi bien que des arbres fruitiers... Le fameux Thomas
Becket, après avoir été élevé à l'évêché de Cantorbéry,
avait coutume, lorsqu'il se trouvait dans un monastère,
d'aller avec les religieux dans les champs et de se joindre à
eux pour recueillir les blés et faire les foins [1]. »

[1] Histoire d'Angleterre, par MM. Galibert et Pellé, rédacteurs de la Revue
britannique. — Univers pittoresque.

Il faut bien reconnaître que dans ces monastères, grâce auxquels s'exécutèrent tous les grands travaux d'agriculture pendant tant de siècles, le principe de la communauté l'emportait sur celui de l'association proprement dite : mais en même temps une observation attentive va nous montrer le sentiment de l'individualisme, de la hiérarchie, de l'appropriation individuelle, luttant sans cesse et triomphant enfin; nous allons voir la communauté se transformer en association.

Venu au milieu des sociétés païennes, basées toutes sur l'esclavage, ainsi que je l'ai fait observer, et développant outre mesure le sentiment matérialiste, Jésus-Christ, par une réaction inévitable, surexcita le principe de l'égalité, prêcha le renoncement, divinisa la souffrance. Il fut sans pitié pour les marchands et pour les riches. On connaît la parabole des travailleurs de la vigne et leur salaire égalitaire. On connaît l'histoire d'Ananias et de Saphira, frappés de mort pour avoir retenu une partie de leur bien. Mais les Pères de l'Église exagérèrent encore la doctrine du divin Maître, et il est dans saint Jean Chrysostome, saint Basile et saint Grégoire-le-Grand, des anathèmes contre la propriété qui dépassent de beaucoup ceux des modernes communistes. Saint Augustin lui-même ne la ménagea pas. « Gardez-vous, dit-il, de prendre le prétexte de l'amour paternel pour augmenter votre bien. Je garde mon bien pour mes enfants, belle raison!... Voyons un peu : votre père les garde pour vous, vous les gardez pour vos enfants, vos enfants les garderont pour les leurs, et ainsi de suite à l'infini, de cette manière, personne n'observe la loi de Dieu. » (*Serm. de det. chord.* 6, 12.) « Quiconque possède sur la terre, dit-il ailleurs, est infidèle à la loi de Jésus-Christ. » (*De contempt. mundi,* tract. 9, cap. ii.)

Il défendait que l'on possédât son habit ni sa chemise, et lui-même les prenait au vestiaire commun.

« Chacun apporte ce qu'il veut, et quand il veut, dit

Tertullien dans son *Apologétique*, écrit au troisième siècle. Les biens sont communs entre nous, et nous les employons à entretenir les pauvres, les orphelins, les vieillards, les infirmes, à secourir les fidèles relégués dans les îles, condamnés à travailler aux mines, ou renfermés dans les prisons pour avoir confessé Jésus-Christ. Nous nous regardons comme frères, nous faisons en commun des repas de charité...

» Qu'y a-t-il d'injuste dans ma conduite, dis-tu, si, respectant le bien d'autrui, je conserve avec soin mes propriétés personnelles ? Imprudente parole ! la terre ayant été donnée en commun à tous les hommes, personne ne peut se dire propriétaire de ce qui dépasse ses besoins naturels dans les choses qu'il a détournées du fonds commun et que la violence seule lui conserve. » (Saint Ambroise.)

Un principe faux ne peut manquer d'aboutir à des conséquences absurdes. Les moines n'échappèrent pas à cette logique impitoyable. De terribles discussions s'élevèrent sur le fait de savoir si l'on était propriétaire d'un objet pendant le temps qu'on le détenait, et si, par exemple, on était propriétaire du pain que l'on recevait chaque jour. Les Franciscains étaient pour l'affirmation, et accusaient les Cordeliers, qui mangeaient leur pain, de violer la règle de leur ordre, puisqu'ils renonçaient par leurs vœux à toute espèce de propriété. Justement indignés d'une telle accusation, les Cordeliers se défendaient de leur mieux et soutenaient n'avoir que l'*usage* de leur pain. Les in-folios répondaient aux in-folios, et l'on entassait de part et d'autre des montagnes d'arguments qui n'éclaircissaient pas la question, bien au contraire. Il fallut l'épée d'Alexandre pour trancher cette inextricable difficulté. Le pape avec les Guelfes fut contre les Cordeliers et pour la propriété, l'empereur avec les Gibelins fut pour les Franciscains et contre la propriété. Ce ne fut pas trop de cent années de guerres pour vider cette affaire importante, et Philippe de

Valois, alors comte du Mans, franchit les Alpes pour défendre l'Église menacée par les Cordeliers soutenus par les Visconti.

La propriété n'eut jamais de plus fougueux antagoniste, le dogme de la fraternité de plus dévoué sectateur que saint François, le fondateur des ordres mendiants. Il appelait le loup son frère, lui adressait de beaux discours, et lui faisait promettre de ne plus dévorer ses frères les hommes. Il ne reconnaissait pas même à la communauté le droit de propriété. Le chef d'une de ses provinces, grand amateur de livres, espérait conserver quelques volumes auxquels il tenait. « Mais enfin, objectait-il, qu'est-il donc permis à un frère mineur de posséder ? — Sa robe, la corde qui l'attache et ses sandales, s'il ne peut s'en passer, répondit François. Quant au reste, je ne m'exposerai point, pour vos livres, à violer le livre de l'Evangile, qui nous interdit de rien posséder dans ce monde. »

On reconnaissait si volontiers alors que l'Evangile condamnait la propriété individuelle, que lorsque Innocent III hésitait à approuver la règle de saint François, un cardinal lui dit : « Saint-Père, prenez garde que, si vous condamnez ce pauvre homme, vous ne condamniez l'Evangile. » Ce qui n'empêchait pas, du reste, les Franciscains et les Cordeliers d'effrayer le midi de l'Europe de leur pauvreté ambitieuse, et, portant la main sur les couronnes royales et les thiares évangéliques, de s'appeler parfois Ximenès en Espagne, Sixte-Quint et Clément XIV en Italie.

Il me paraît donc incontestable que les premiers couvents furent dans le principe des communautés dans l'acception rigoureuse du mot, et que le travail s'y exécuta en commun et au profit collectif de tous. Nul ne possédait rien en propre, et ils restaient pauvres au milieu des richesses qu'ils devaient aux immenses travaux agricoles auxquels ils se livrèrent.

Chaque abbé avait l'administration des revenus du monastère et en réglait la distribution. Il n'en était que le dépositaire chargé de les partager aux pauvres.

Mais l'instinct de l'individualisme resta en lutte constante contre ce lien exagéré et fictif de l'égalité communiste, et ces communautés tendirent à devenir plutôt des associations fondées sur le principe hiérarchique de l'inégalité des droits. Les abbés étaient toujours portés à se regarder comme propriétaires des biens dont ils ne devaient avoir que l'administration. Des réformes incessantes témoignèrent assez de la persistance de ces infractions à la règle, et les monastères retombaient bientôt dans les fautes dont les avaient tirées pour un temps les sévères prescriptions des Odon, des Robert, des Bernard. Les chanoines réguliers ne furent pas plus invulnérables à l'esprit d'appropriation, et quelques religieux, manquant du nécessaire, demandèrent que les biens fussent partagés entre eux et les abbés. Ce partage avait été réalisé dans plusieurs couvents déjà avant le treizième siècle, puisque dans le concile d'Oxford, en 1222, ainsi que dans les décrétales d'Innocent III, il est parlé des menses des abbés, séparées de celles de leurs communautés.

L'exemple des abbés fut suivi par tous ceux qui, audessous d'eux, avaient quelque part de puissance et d'autorité, les trésoriers, sacristains, célleriers, infirmiers..., si bien qu'il ne resta plus aux simples moines que les nécessités les plus impérieuses de la vie.

Ces essaims coloniaux que les monastères versaient dans les campagnes voisines s'appelaient obédiences. C'étaient de véritables fermes qui prenaient le nom de prieuré ou prévôté. Le prieur ou prévôt rendait chaque année ses comptes à l'abbé, et ne réservait que ce qui était nécessaire à l'entretien de la ferme.

Les prieurs ne tardèrent pas imiter les abbés. Ils s'approprièrent ce dont ils n'étaient qu'usufruitiers, et, à la fin du treizième siècle, les obédiences se gouvernaient comme de véritables bénéfices, ainsi qu'en témoigne le concile de Vienne présidé par Clément V, qui tenta de remédier à ces abus.

Ce fut toujours le but principal des réformes de s'opposer à ce que les bénéfices religieux ne tombassent dans le *vice de propriété*. La bulle d'Urbain VIII, pour l'établissement de la congrégation de Saint-Maur, permet aux religieux réformés de détenir en titre les bénéfices de cette congrégation et de celle de Cluny, à la condition de ne les résigner ni permuter qu'avec le consentement des supérieurs, et de ne pas jouir personnellement des revenus, dont la disposition est réservée aux monastères.

De leur côté, les conciles protestaient vainement contre l'appropriation des biens des communautés. Ainsi, les conciles de Troyes, présidé par le pape Jean VIII, sous Louis-le-Bègue; de Troli, sous Charles-le-Simple; de Trente, les conciles provinciaux, etc...

Lorsque le christianisme s'assit sur le trône avec Constantin et ses successeurs, les chrétiens eurent une sorte d'existence légale, et leurs assemblées purent posséder des terres et des biens, acquérir des immeubles et les faire valoir. On sait que dans le principe les fidèles vendaient leurs biens et en apportaient le prix aux églises.

Mais, comme si en effet la propriété n'était pas dans l'essence du christianisme, les premiers, les plus graves abus vinrent souiller la religion nouvelle, et s'introduire dans son sein pour n'en plus sortir. Saint Jérôme flétrit avec énergie ces trafiquants de religion. « Quand vous les voyez, dit-il dans ses lettres à Eustochie, aborder d'un air doux et sanctifié les riches veuves qu'ils rencontrent, vous croiriez que leur main ne s'étend que pour leur donner des bénédictions, mais ce n'est au contraire que pour recevoir le prix de leur politesse. »

Les réprimandes et les pieuses colères furent impuissantes à faire cesser ce désordre, et nous voyons dans le code théodosien une loi qui défend aux ecclésiastiques de rien recevoir des femmes ou des veuves, par testament ou autrement.

« Je ne me plains pas de cette loi, dit saint Jérôme, je me plains seulement de ce que nous avons mérité qu'on nous l'imposât. »

Le jurisconsulte que j'ai déjà cité, Denizart, constate cependant que le communisme catholique subsista jusqu'au sixième siècle. « Les biens restèrent en commun à l'Église jusque vers la fin du cinquième siècle; mais les difficultés journalières qui s'élevaient sur les répartitions obligèrent de partager en quatre parts ceux de la plupart des églises; on en donna une à l'évêque seul, une autre aux clercs ou ecclésiastiques, une autre à la fabrique, et une autre aux pauvres. »

En effet, vainement saint Cyrille et saint Ambroise ordonnaient qu'on laissât aux évêques la distribution des revenus; plus tard, la discipline dut régler d'une manière inflexible les diverses portions et leur emploi.

L'évêque restait chargé de diviser entre chaque église le quart qui constituait le lot des clercs; le premier titulaire le subdivisait ensuite entre les clercs qui desservaient sous lui. Saint Grégoire prescrivait d'avoir égard dans cette distribution à l'ordre, au mérite, à l'exactitude. Cette proportionnalité fut confirmée par le premier concile de Prague et celui d'Agde. J'insiste sur ces détails, parce que, à mon avis, c'est un double caractère de hiérarchie et de proportionnalité qui fait perdre à ces institutions leur caractère de communautés égalitaires pour en faire des associations proportionnelles.

Dans les premiers temps, le chiffre de l'aumône était libre. « Chacun apporte ce qu'il veut, et quand il veut, » dit Tertullien. Mais la charité est le principe même de l'Evangile, et l'obligation, pour n'être que morale, n'en subsistait pas moins, sérieuse, et à laquelle nul n'eût osé se soustraire. Si donner était le devoir du riche, recevoir était le droit du pauvre, et l'aumône, portant remède aux excès de la propriété privée, garantissait le droit égal pour tous les hommes de vivre de la création de Dieu.

« Toutes les fois que nous manquons de donner l'aumône, dit saint Jean Chrysostome, nous devenons semblables aux ravisseurs du bien d'autrui, et dignes du même supplice. »

La foi commence-t-elle à se relâcher, l'autorité temporelle vient au secours de l'autorité spirituelle, et de l'aumône la loi fait la dîme. Et, pour qu'il n'y ait pas d'équivoque, un pape le déclare solennellement, c'est le tribut que les riches doivent aux pauvres, en signe de ce droit que les hommes ont tous avec égalité sur les choses de la terre. « *Tributa egentium animarum*, dit Innocent III, *in signum dominii universalis.* »

Donc, aussitôt que l'égalité communiste disparaît, la dîme vient *associer pour une part* le pauvre à la fortune du riche. Malgré tous les abus qui s'introduisirent dans la distribution des opulents revenus de la dîme [1], sa destination originelle est incontestable. Encore au milieu du dix-septième siècle, le procureur général du parlement de Toulouse soutint victorieusement cette thèse dans une année de disette, et, sur sa requête, un arrêt intervint le 18 avril 1651, par lequel ce parlement ordonna que, « dans trois jours... les évêques du ressort pourvoiront à la nourriture des pauvres..., passé lesquels, a permis la saisie du sixième de tous les fruits que les évêques prennent dans les paroisses dudit ressort. »

Dans le célèbre discours à l'Assemblée nationale, qui posa un moment l'abbé Maury en rival de Mirabeau, l'orateur n'hésita pas à reconnaître que la dîme, dans l'intention des donateurs, avait le triple but d'entretenir les ministres des

---

[1] En 1789, ils s'élevaient à 133,000,000. — Voir l'histoire financière de la France, par Bailly.

cultes, les églises et les pauvres. La dîme, en expirant, confessait son origine.

La tendance bien légitime, à mon sens, qui faisait incessamment franchir les limites trop étroites du communisme égalitaire pour arriver à un germe d'association, encore bien informe, fut inutilement combattue par Charlemagne et Louis-le-Débonnaire, qui voulurent faire vivre en communauté le clergé des cathédrales et des collégiales. Les empereurs, les rois, les papes et les évêques réunirent leurs efforts, et, dans ce but, assignèrent aux chapitres des fonds et des dîmes dont ils devaient tirer leur subsistance. Mais, sur la fin du dixième siècle et au commencement du onzième, les chanoines cessèrent de vivre de la vie commune et se partagèrent les terres.

Je viens de décrire l'histoire de l'agriculture pendant la première partie du monde nouveau révélé par le Christ. Elle fut faite librement par des hommes libres réunis en nombreuses sociétés, travaillant dans un but unitaire, pour tous et pour la plus grande somme du bien-être de tous. Nous avons observé le sentiment de l'individualisme et de la propriété en lutte constante contre l'idée d'égalité absolue et de communauté du couvent; nous allons voir maintenant l'idée de l'association se dégager plus nettement pendant la nouvelle période que nous allons décrire. En même temps que l'association religieuse se relâche, l'association laïque va se constituer et le travail s'organiser à mesure qu'elle va grandir et se régulariser.

CHAPITRE II.

ASSOCIATIONS AGRICOLES.

L'esclave devient serf. Origine des associations agricoles ; leur organisation ;
leur existence est un fait général par toute la France , par toute l'Europe.
Citations nombreuses. Le droit de champart. La science de M. Thiers.

> Le frère aidé de son frère est comme une ville forte.
>
> BOSSUET.

L'esclave romain n'était pas un individu, c'était une
chose ; il n'avait pas de famille. Si l'amour se glissait dans
son cœur, ce n'était pas même le *concubinatus,* c'était
un *contubernium,* quelque chose d'innommé qui ne constituait aucun lien, même moral ; de sorte que l'on hésitait
à décider si, en cas d'affranchissement, le père ne pouvait
pas épouser sa fille. Mais la religion nouvelle releva
l'homme dégradé. « Dans le Christ, dit-elle, il n'y a ni
juif, ni grec, ni esclave, ni libre. »

Le mariage de l'esclave contenait toute une révolution
sociale. En devenant père, il redevint homme. Il avait une
femme, des enfants ; il devait les nourrir, et par cela
même qu'il lui incombait de nouveaux devoirs, il lui échut
des droits nouveaux. La femme, l'enfant n'appartinrent
plus aussi complétement au seigneur, qui ne put plus
dépouiller l'homme chargé d'élever une famille. L'esclave
devint serf, il s'appartint de sa personne, il ne fut plus
lié qu'au sol, passant avec lui aux mains d'un nouvel
acquéreur auquel il devait les redevances en froment,
bétail, vêtements, etc.

Mais s'il commence déjà à s'appartenir à lui-même, le

serf conserve encore la même incapacité radicale de devenir propriétaire. « Nulle terre sans seigneur, nul seigneur sans terre... Le seigneur enferme les habitants, sous portes et gonds, du ciel à la terre; la bête qui fuit, l'oiseau qui vole, l'animal égaré, le voyageur perdu; bien plus, le vent qui roule, l'eau qui coule, le soleil qui luit, tout appartient au seigneur. » Le serf est mis en possession des biens qu'il cultive, et rien de plus. Lui mort ou malade, la possession et le travail passent en d'autres mains. *Mors omnia solvit.* « Et quant ils se meurent, ou quant ils se marient en franques femes, quanques ils ont esquiet (échoit) à lor segneurs, meubles et héritages; car cel qui se formarient, il convient qu'il finent (terminent) à la volonté de lor segneurs; et s'il muert, il n'a nul oir, for que son segneur, ne li enfant du serf n'i ont riens, s'ils ne le racatent au segneur aussi comme feroient estranges. » (*Coutumes de Beauvoisis*, par Ph. de Beaumanoir, 45, §§ 30 et 31.) « Serfs ou main mortables, dit Loisel, liv. Ier, t. Ier, n° 74, ne peuvent tester, et ne succèdent les uns aux autres, sinon tant qu'ils sont demeurant en commun. »

Le serf donc laissait pour unique héritage à ses enfants la misère et les hasards d'une vie de travail que rien ne garantissait et qu'il fallait mendier comme une aumône. Alors, sous l'inspiration de leur faiblesse et de leur désespoir, ils se groupèrent, s'unirent, s'associèrent, et demandèrent la possession du sol, non plus individuellement et isolés, mais réunis en agrégation de familles. Les seigneurs y consentirent, car ils y trouvaient leur avantage. Jamais de chômage en effet dans le travail, jamais de fuite, une plus grande économie au contraire, plus de travail, plus de revenus par suite à pouvoir exiger. Mais en même temps la possession devint permanente et immortelle; le père léguait à son fils, avec sa chaîne allégée, la certitude de devoir à son labeur une existence assurée. Cette possession indéfinie équivalait presque à la propriété elle-même,

c'était le droit au travail, et, du droit de détenir indéfiniment à celui d'acquérir pour lui-même il n'y avait pas
loin. Et désormais, si les seigneurs continuèrent à le
mettre en prison *à tort et à droit,* comme parle Beaumanoir, ce ne fut plus qu'un membre de moins dans la
grande famille associée, et l'existence de la femme, des
enfants cessant d'être subordonnée à la captivité de l'époux
ou du père, la fraternité humaine commença de porter
ses fruits.

Ainsi, on le voit, l'esclave, en entrant dans la famille,
premier élément de l'association, avait fait un premier pas
vers la liberté et la propriété. L'association des familles
entre elles l'affranchit encore et lui donna en fait la
propriété.

En présence de ces faits historiques, que devient cette
critique banale — que l'association détruit la liberté, la
famille, la propriété?... Ayant au contraire créé tout cela,
je ne vois pas qu'elle doive nécessairement être incompatible avec leur existence.

Ces associations existaient tacitement, *taisiblement,* forcément même, par le fait seul de la *demeurance commune
d'un an et jour.* Les associés prenaient le nom de Parsonniers, du vieux mot français partçon. On vivait, on man-
geait ensemble, au même *chanteau,* au même pain, *compani,*
— compaing, copain, comme on dit encore dans certaines
écoles, — *à communs pot, sel et dépense.* La coutume de
Berry demande qu'il y ait eu *demeurance et dépense
commune ;* celle du Bourbonnais, *mixtion de biens ;* celle
du Poitou, *que chacun d'eux ait apport ses biens au fait
commun de l'hôtel.* Généralement *toutes franques personnes, usans de leurs droits,* devenaient, dans les conditions que je viens de dire, *uns et communs en biens meubles,
héritages et conquêts.* Quelques coutumes cependant,
celles de Châteauneuf en Thimerais, de Chartres, de
Dreux, veulent qu'il y ait *lignage entre parsonniers.* Celles

d'Orléans, de Montargis exigent une convention notariée ou sous signature privée, et la communauté n'atteint point les immeubles et héritages à moins de stipulation spéciale. Du reste, des conditions particulières pouvaient modifier les droits de chacun; ainsi dans la coutume d'Auvergne (ch. 15) : « Tous pactes et convenances, tant de succéder qu'autres quelconques, soient mutuelles ou non, mises et apposées en contrat d'association universelle faite et passée par personnes capables à contracter, non malades... sont bonnes et valables, et saisissent les contrahans ladite association ou leurs descendans. »

Bien plus, dans la Marche, la communauté n'existait pas entre époux, « si elle n'est stipulée dans le contrat de mariage, nommément et expressément. » Et cependant, Julien Brodeau, dans ses Commentaires, en 1724, nous dit que « cette coutume approuve et authorise les communautez et sociétez entre parens et estrangers, *et ce pour l'entretennement des familles.* » De sorte qu'aujourd'hui que nous vivons sous l'empire du morcellement et de l'individualisme, que nous ne voyons nulle part l'association, que nous n'y croyons pas dans l'avenir et que nous ignorons son existence dans le passé, nous la repoussons, parce qu'elle détruit la famille; et alors que l'association et la communauté existaient et qu'on les voyait à l'œuvre, on les favorisait précisément pour l'*entretennement des familles.* Les adversaires mèmes de l'association appuient ce fait de l'autorité de leur témoignage, et M. Troplong, à la page 49 de sa préface des *Commentaires sur les sociétés civiles*, a dépeint l'esprit de famille et l'esprit d'association se développant parallélement au moyen âge. Qu'ont donc de sérieux tous ces grands mots et toutes ces terribles accusations! *Verba et voces!* Palabres et vaines paroles qui tombent devant l'étude des faits.

D'autres fois, c'était une véritable association du capital et du travail, comme dans la coutume de Poitou : « la société se peut faire que l'un des associés y confie son bien et son travail, et que l'autre n'y confie que son bien ou son travail seulement. » La coutume de l'évêché et comté de Verdun reconnaît également l'association avec inégalité d'apport. Ce caractère de proportionnalité est clairement indiqué dans ce passage des Commentaires du jurisconsulte du Moulin, sur la même coutume : « Il y a une autre espèce de société universelle qu'ils font par leurs contrats de mariage ou autres de tous leurs biens, meubles et immeubles, par le moyen de quoi, tant les propres qu'acquets qu'ont les contractans entrent entièrement en communauté, et se partagent, en cas de dissolution d'icelle, selon les parts et portions entre eux accordées, tout ainsi que les meubles et acquets qui se font pendant ladite communauté, quoique quelqu'un des parsonniers ou associés n'eut aucuns héritages au temps que la communauté a été contractée ; nos paysans appellent cette association *s'affilier,* parce que la portion de celui qui est admis en communauté se règle ordinairement sur le nombre des enfants, et pour y prendre pareille portion que l'un d'eux. Barraud en a parlé sur ce titre, chap. ii, nomb. 3, et la Thaumassière en ses *Décisions sur les coutumes du Berry,* liv. II, chap. xxxvii. »

—⊕⊕—

L'existence de ces associations agricoles, loin d'être un fait exceptionnel, fut au contraire, comme je l'ai dit, le fait général au moyen âge et jusqu'au dix-huitième siècle. Voici quelques citations qui ne laissent aucun doute à cet égard.

« Ç'a été autrefois une *coutume générale* en ce royaume, qu'il introduisit une société tacite entre plusieurs vivans et demeurans ensemble par an et jour, dans le grand Coutumier qui a été composé du temps du roi Charles VI. » (*Coutume d'Orléans,* commentée par Delalande, 1704.)

« La société tacite se pratique particulièrement entre gens de village, parmi lesquels il y a de grandes familles, lesquelles vivent en société et ont un chef qui commande et donne les ordres, et c'est pour l'ordinaire le plus âgé d'entre eux, comme il est aisé de remarquer dans le Berry, Nivernois, Bourbonnois, Xaintonge et autres lieux. » (*Coutume d'Orléans*, commentée par Delalande, 1704.)

« Anciennement la communauté tacite entre d'autres personnes (que les époux) vivans ensemble à commune bourse et dépense *était d'une pratique universelle dans le royaume*, comme le prouve, par l'autorité de Beaumanoir, maître Eusèbe de Laurière dans sa dissertation à la fin des œuvres de Loisel, fol. 12 et 13. » (*Commentaires sur la Coutume de La Rochelle*, par M. R.-J. Valin.)

« ...Car il semble qu'il y ait une espèce de nécessité d'accorder cela à l'usage des champs, où ces communautés en sociétés sont *si fréquentes*, même dans les Coutumes qui n'en parlent pas. » (*Traité de la communauté*, par Denis Lebrun.)

« Ces associations étaient autrefois très-fréquentes et très-utiles, mais elles ne sont pas aujourd'hui fort en usage. » (De Ferrière, *Dict. de droit.*)

« L'origine des communautés d'habitants, *telles que nous les voyons* aujourd'hui, n'est pas bien connue, » dit Denisart (1768). Toutefois, l'auteur n'hésite pas à leur assigner l'origine que je viens de dire.

Une nouvelle citation, empruntée aussi au dix-huitième siècle, ne laisse sur cette origine aucun doute : « Pour ce qui est des communautés de village, — dit le *Nouveau Praticien français*, 1712, — plusieurs estiment qu'elles ne peuvent vendre ni aliéner leur prez ou biens communaux, qu'elles n'en ont que l'usufruit, et que la propriété appartient au roi ou au seigneur qui les leur ont accordez pour attirer des habitans dans leurs terres, leur donner moyen de les faire valoir et d'y nourrir des bestiaux, et par conséquent que les habitans qui sont aujourd'huy ne les peuvent aliéner au préjudice de ceux qui viendront après eux, de crainte que les terres ne demeurent incultes et désertes faute de ces commoditez. »

Le serf alors changea de nom et s'appela villain, de *villa*, campagne, village. La maison commune prenait le nom de celle, *cella, cellula*, maison étroite, unité de demeure. « Comme l'enfant en celle (habitant auprès de ses père et mère) excluait de leurs successions leur frère qui habitait hors de celle, les seigneurs exclurent les enfants hors de celle de la succession de leur père. » (De Laurière.) Ce qui constate qu'en effet il fallait vivre en association pour être habile à succéder.

Un assez grand nombre de villages témoignent encore de l'existence de ces communautés d'habitants, et ont conservé les noms de Celle, Celles, Cellette. Ainsi, dans l'Aube, dans l'Allier, dans le Loir-et-Cher, l'Indre, le Puy-de-Dôme, les Deux-Sèvres... La Selle Saint-Denis, dans ce dernier département, n'a pas une autre origine, et devrait s'écrire autrement. Mais à mesure que ces associations ont disparu, la tradition a oublié jusqu'à leurs noms, et c'est ainsi que les *partçonniers* du moyen âge sont devenus aujourd'hui des personniers, ce qui peut être plus euphonique, mais ce qui n'a plus de sens [1].

—◦◦—

Quant à l'organisation même de ces associations agricoles, voici à cet égard un curieux passage d'un ancien historien et jurisconsulte de la Nièvre, Guy Coquille, qui avait mérité le surnom de *Judicieux :*

« Selon l'ancien établissement du ménage des champs, en ce pays de Nivernais, lequel ménage des champs est le

---

[1] Voir le Dictionnaire géographique de Vosgien, aux mots *Celle, Celles, Selles.*

vrai siége et origine des bordelages, plusieurs personnes doivent être assemblées en une famille pour démener ce ménage, qui est fort laborieux, et consiste en plusieurs fonctions en ce pays, qui de soy est de culture malaisée; les uns servent pour labourer et pour toucher les bœufs, animaux tardifs, et communément faut que les charrettes soient tirées de six bœufs, les autres pour mesner les vaches et les jeunes juments en champs, les autres pour mesner les brebis et les moutons, les autres pour conduire les porcs. Ces familles ainsi composées de plusieurs personnes, qui toutes sont employées chacun selon son âge, sexe et moyens, sont régies par un seul, qui se nomme maître de communauté, élu à cette charge par les autres, lequel commande à tous les autres, va aux affaires qui se présentent es villes, es foires et ailleurs; a pouvoir d'obliger ses parsonniers en choses mobilières qui concernent le fait de la communauté, et lui seul est nommé es-roles des tailles et subsides; par ces arguments, se peut cognoître que ces communautez sont vraies familles et colléges qui, par considération de l'intellect, sont comme un corps composé de plusieurs membres, combien que les membres soient séparez l'un de 'l'autre; mais par fraternité, amitié et liaison économique font un seul corps... »

« En ces communautez, on fait compte des enfants qui ne savent encore rien faire, pour l'espérance qu'on a qu'à l'avenir ils feront; on fait compte de ceux qui sont en vigueur d'âge, pour ce qu'ils font; on fait compte des vieux, et pour le conseil et pour la souvenance qu'on a qu'ils ont bien fait. Et ainsi de tout âge et de toutes façons, ils s'entretiennent, comme un corps politique qui, par subrogation, doit durer toujours. Or, parce que la vraie et certaine ruine de ces maisons de village est quand elles se partagent et se séparent, par les anciennes lois de ce païs, tant es ménages et familles de gens serfs, qu'es ménages dont les héritages sont tenus à bordelages, a été constitué pour les retenir en communautez, que ceux qui ne seroient en la communauté, ne succèderoient aux autres, et on ne leur succéderoit aussi... »

Ces sociétés n'existaient pas seulement dans le Nivernais, et nous retrouvons encore leur existence au commencement du dix-septième siècle, ainsi que le prouve le passage suivant de Jean Chenu, dans son édition complétée du recueil d'arrêts de Papon, en 1610 : « Nous avons plusieurs telles sociétez en Berry et en Nivernois, principalement es maisons des Mages, qui, selon la constitution des pays, consistent toutes en assemblées de plusieurs personnes et une communauté. »

Voici une citation plus moderne de de Laurière, dans ses notes des Institutes coutumières de Loisel. Elle est d'ailleurs évidemment empruntée à Guy Coquille :

« Dans ces sortes de communautés, chacun a son emploi, les uns servent à labourer ou à toucher les bœufs, les autres mènent les vaches et les juments aux champs, les autres sont pour les porcs; chacun est employé selon son sexe, son âge et ses moyens. Elles sont régies et gouvernées par un seul, qui est nommé le maître de la communauté, lequel est élu par tous les autres. Il leur commande à tous; il va, pour les affaires qu'ils ont, aux villes, aux feires et ailleurs; il a le pouvoir d'obliger ses parsonniers en choses mobiliaires qui concernent le fait commun; et c'est lui seul qui est employé sur les rôles des tailles et autres subsides. » Liv. 1er, tit. 1er, règle 74, note 4.

On ne peut s'empêcher de reconnaître l'existence d'un germe d'organisation du travail au sein de ces associations qui savent si admirablement utiliser *chacun selon son âge, son sexe et ses moyens*, et nommer le plus digne à la direction supérieure. La propriété tend à devenir, ainsi qu'elle doit l'être, la possession de chacun sous la direction de tous.

Faut-il invoquer des autorités plus modernes et accumuler de nouvelles preuves? Nous allons voir l'un des plus fougueux adversaires de l'association et de la communauté, M. Troplong, venir à notre secours et s'incliner devant ces communautés et ces associations. « Ce n'est pas d'aujourd'hui que l'association est en honneur ; les Romains en ont parlé avec enthousiasme, ils l'ont pratiquée avec grandeur; nous le verrons bientôt [1]. Mais c'est surtout le moyen âge qui fut une époque prodigieuse d'association ; c'est lui qui donna naissance à ces communautés conjugales, à ce régime qui convient le mieux aux sentiments d'affection et de confiance sur lesquels repose le mariage. C'est lui qui forma ces nombreuses sociétés de serfs et d'agriculteurs qui couvrirent et fécondèrent le sol de la France; c'est lui qui multiplia ces congrégations religieuses dont les services ont été si grands par leurs travaux de défrichements et leur établissement au sein des campagnes abandonnées... Probablement alors on parlait moins qu'aujourd'hui de l'esprit d'association, mais cet esprit agissait avec énergie [2].

» L'association de tous les membres de la famille sous un même toit, sur un même domaine, dans le but de mettre en commun leur travail et leur profit, *est le fait général, caractéristique*, depuis le midi de la France jusqu'aux extrémités opposées [3].

» C'est surtout dans les villages et dans les campagnes que ces sociétés taisibles ou tacites étaient fréquentes. La géographie coutumière en conserve la trace dans les provinces les plus opposées d'usages et de mœurs; elles règnent dans les pays de droit écrit comme dans les pays

---

[1] M. Troplong se laisse égarer ici par un moment d'entraînement socialiste. Ce ne fut qu'exceptionnellement, et au point de vue industriel et commercial, que le droit romain fit quelques concessions à l'esprit d'association. Nous le prouverons plus loin.

[2] Commentaires des sociétés civiles. Préface, page 7.

[3] Id. Page 35.

de coutume, dans ceux où les habitudes imposent la dot au mariage comme dans ceux où dominent la communauté conjugale. »

» Dans le ressort du parlement de Toulouse, dans la Saintonge, l'Angoumois, la Bretagne, l'Anjou, le Poitou, la Touraine, la Marche, le Berry, le Nivernais, le Bourbonnais, les deux Bourgognes, l'Orléanais, le pays Chartrain, la Normandie, la Champagne, le Bassigny, etc., les populations affectionnent ce genre d'associations, et les statuts locaux les favorisent [1]. »

J'espère que, même après l'intéressant extrait de Guy Coquille, on ne lira pas avec indifférence les détails qui suivent sur les associations agricoles d'Auvergne, empruntées au *Voyage d'Auvergne* de le Grand d'Aussi, conservateur de la Bibliothèque nationale, qui les visita dans l'année qui précéda la prise de la Bastille.

« Autour de Thiers et en pleine campagne sont des maisons éparses habitées par des sociétés de paysans dont les uns s'occupent de coutellerie tandis que les autres se livrent au travail de la terre. Outre ces habitations particulières et isolées, il en est d'autres plus peuplées dont la réunion forme un petit hameau, et dans lesquelles la communauté est plus intime encore. Le hameau est occupé par les diverses branches d'une même famille qui, livrée uniquement à l'agriculture, ne contracte ordinairement de mariage qu'entre ses différents membres, qui vit en communauté de biens, a ses lois, ses coutumes, et qui, sous la conduite d'un chef qu'elle se donne et qu'elle peut déposer, forme une sorte de république où tous les travaux sont communs, parce que tous les individus sont égaux. Il y a dans les environs de Thiers plusieurs de ces familles républicaines, Taranté, Baritel, Terme, Guittard, Bourgade, Beaujeu, etc. Les deux premières sont les plus nombreuses, mais la

---

[1] Commentaires des sociétés civiles. Page 47.

plus ancienne, ainsi que la plus célèbre, est celle des Guittard. Le hameau que forme et qu'habite la famille des Guittard est au nord-ouest de Thiers et à une demi-lieue de la ville. Il s'appele Pinon. Ce dernier nom a même dans le pays prévalu sur le leur propre, et on les nomme les Pinon. Au mois de juillet 1788, quand je les ai visités, ils formaient quatre branches ou quatre ménages ; en tout dix-neuf personnes tant hommes que femmes et enfants. Mais le nombre des hommes ne suffisant pas pour l'exploitation des terres et pour les autres travaux, ils avaient avec eux treize domestiques, ce qui portait la population du hameau à trente-deux personnes. On ignore l'époque précise où le hameau fut fondé. La tradition en fait remonter l'établissement au douzième siècle ; l'administration des Pinon est paternelle mais élective. Tous les membres de la communauté s'assemblent, à la pluralité des voix ils se choisissent un chef qui prend le titre de Maître, et qui, devenu père de toute la famille, est obligé de veiller à tout ce qui la concerne. Tous travaillent en commun à la chose publique, logés et nourris ensemble, habillés et entretenus de la même manière, et aux dépens du revenu général ; ils ne sont plus, en quelque sorte, que les enfants de la maison. Ce maître, en qualité de chef, perçoit l'argent, vend et achète, ordonne les réparations, dispense à chacun son travail, règle tout ce qui concerne les maisons, la vendange, les troupeaux ; en un mot, il est là ce qu'est un père dans sa famille. Mais ce père diffère des autres en ce que, n'ayant qu'une autorité de dépôt et de confiance, il en est responsable à ceux dont il la tient, et qu'il peut la perdre de même qu'il l'a reçue. S'il abuse de sa place, s'il administre mal, la communauté s'assemble de nouveau, on le juge, on le dépose, et il y a des exemples de cette justice sévère.

» Les détails intérieurs de la maison sont confiés à une femme. Le département de celle-ci est la basse-cour, la cuisine, le linge, les habillements, etc.; elle porte le titre de maîtresse. Elle commande aux femmes, comme le maître commande aux hommes. Ainsi que lui, on la choisit à la pluralité des suffrages, et, ainsi que lui, on peut la déposer. Mais le bon sens naturel a dit à ces simples paysans que, si la maîtresse se trouvait être femme ou sœur du maître, et que ces deux préposés manquassent de la probité nécessaire à leur gestion, tous deux réunis auraient trop d'avantages pour nuire à la chose publique. En conséquence, pour prévenir ces abus, par une des lois constitutives de ce petit Etat, il est réglé que jamais la maîtresse ne sera prise dans le même ménage que le maître. Celui-ci, comme son titre l'annonce, a l'inspection générale, et jouit du droit de conseil et de réprimande. Partout il occupe la place d'honneur. S'il marie son fils, la communauté donne une fête à laquelle sont invités les communes voisines; mais ce fils n'est, comme les autres, qu'un membre de la république, il ne jouit d'aucun privilége particulier, et quand son père meurt, il ne succède point à sa dignité, à moins qu'on ne l'en trouve digne et qu'il ne mérite d'être élu à son tour.

» Une autre loi fondamentale, observée avec la plus grande rigueur, parce que d'elle dépend la conservation de la société, est celle qui regarde les biens. Jamais, dans aucun cas, ils ne sont partagés : tout reste en masse, personne n'hérite, et, ni par mariage, ni autrement, rien ne se divise. Une Guittard sort-elle de Pinon pour sé marier, on lui donne 600 livres en argent, mais elle renonce à tout, et ainsi le patrimoine général subsiste en entier comme auparavant. Il en serait de même pour les garçons, si quelqu'un d'eux allait s'établir ailleurs.

» ...Toutes les fois que leur ouvrage n'exige point qu'ils soient séparés, ils travaillent ensemble; il y a pour les repas un lieu commun, c'est une grande et vaste cuisine tenue très-proprement... Dans la cuisine on a pratiqué une niche qui forme, en quelque façon, chapelle, et qui contient un Christ et une Vierge. Là, tous les soirs après le souper, on fait la prière en commun, mais cette prière n'a lieu que le soir. Le matin chacun fait la sienne en particulier, parce que, la plupart des travaux étant différents, les heures du lever le sont aussi.

» Indépendamment de la propriété du hameau, les Guittards possèdent encore un bois, un jardin, des terres, des vignobles et beaucoup de châtaigniers. Mais outre que leurs terres sont pauvres et qu'elles ne rapportent que du seigle, les trente-deux bouches qu'ils ont à nourrir consomment toute leur récolte et ne leur permettent pas d'en vendre. D'ailleurs ces cultivateurs, respectables par leurs mœurs et par leur vie laborieuse, font encore dans le lieu de leur séjour des charités immenses. Jamais pauvre ne se présente chez eux sans y être reçu, jamais il n'en sort sans avoir été nourri : on lui donne de la soupe et du pain. S'il veut passer la nuit, il trouve à coucher ; il y a même dans la ferme une chambre particulière destinée à cet usage. En hiver, on pousse l'humanité plus loin encore : les pauvres alors sont logés dans le fournil, et, en les nourrissant, on leur procure de plus une sorte de chauffoir qui les garantit du froid [1]. »

Le souvenir de ces sociétés agricoles était alors encore si vif que, dans son discours à l'Assemblée constituante dans l'immortelle nuit du 4 août, M. de Noailles ne désigne les communes que sous le nom de communautés, mot qu'il répète à plusieurs reprises.

Que l'on ne croie pas que tout cela n'est rien que de l'histoire ancienne. M. Dupin aîné, dans sa brochure

---

[1] Le village de la Celle-sur-Thiers, dans le Puy-de-Dôme, me semble témoigner encore aujourd'hui, par son nom seul, de l'existence de ces communautés d'habitants.

intitulée *Excursion dans la Nièvre* (1840), nous révèle l'existence en plein dix-neuvième siècle de l'une de ces associations dont parle Coquille, à Saint-Benin-des-Bois, dans l'arrondissement de Nevers. M. Dupin, que l'on ne saurait sans injustice accuser de socialisme, après avoir décrit avec complaisance les merveilles de la petite association des Jault, fait en regard la critique du morcellement agricole.

« Dans la suite de mon voyage, j'ai vu la contre-partie. Après avoir pénétré par Decise et Fours jusqu'à Luzy, je suis revenu par la montagne Saint-Honoré, les bains romains, et par la commune de Préporché, non loin de Villapourçon (pays des porcs). Dans cette commune existait jadis un grand nombre de communautés; la plus célèbre, celle qui a subsisté la dernière, était celle des Gariots. Le siége de cette communauté se trouve sur une petite butte, entourée d'un ravin qui en rend l'accès assez difficile. Ce pays est aussi pauvre que celui de Saint-Benin est fertile. On n'y récolte que du seigle, du sarrasin et (depuis 30 ou 40 ans seulement) des pommes de terre. Cette communauté cependant vivait et nourrissait tous ses membres. Depuis la révolution, on a voulu partager. Dans le nombre des parsonniers, quelques-uns ont prospéré et sont à l'aise, mais d'autres sont tombés dans un état fort misérable. Le dernier maître, qui réside actuellement à Préporché, a emporté avec lui, comme un trophée, le pot grand de la communauté. Les autres restent groupés sur le mamelon des Gariots; les grandes chambres ont été divisées; la grande cheminée est partagée en deux par un mur de refend; les habitations sont chétives, malpropres; les habitants, un peu sauvages, se montrèrent inquiets et presque effrayés à notre aspect, à peine s'ils voulaient ou pouvaient répondre à nos questions. A notre départ, ils nous suivaient des yeux, comme on suit l'ennemi qui opère sa retraite, en se glissant derrière leurs maisons. »

« A Jault, c'était l'aise, la gaieté, la santé; aux Gariots, c'était la tristesse et la pauvreté. »

» Est-ce donc à dire que les habitants de la campagne devraient reprendre ou continuer le régime des communautés? Certes, je ne méconnais pas, pour la Nièvre surtout, l'avantage de la division des propriétés, le bien-être qui résulte pour chacun d'avoir sa maison, son jardin, son pré, son champ, son ouche, tout cela bien cultivé, bien soigné. Mais l'association bien conduite a aussi ses avantages; j'en ai signalé les heureux effets; et là où elle existe encore avec de bons résultats, je fais des vœux pour qu'elle se maintienne et se perpétue.

» Je crois surtout que, pour l'exploitation des fermes, il serait plus utile aux paysans de rester ensemble. Une nombreuse famille suffit par elle-même à l'exploitation; trop faible, il faut y suppléer par des valets, et ces mercenaires, qu'il faut payer fort cher, emportent le plus net du produit, et n'ont jamais, pour la culture et le soin du bétail, la même attention que les maîtres de la maison. Ajoutez que les enfants restent avec leurs père et mère, reçoivent tout à la fois les leçons et les exemples de leurs parents. Séparés d'eux, mis au service trop jeunes, la corruption s'en empare, et bien souvent la misère les atteint. »

Voilà donc l'association préconisée et le morcellement condamné par le premier magistrat debout de la cour suprême. Ajoutons que sur tous ces points, M. Troplong est exactement de l'avis de M. Dupin. « Ces débris respectables de vieilles institutions, dit-il, résisteront-ils longtemps encore aux principes de dissolution que le droit commun a placés à côté d'elles? Cette vie commune se prolongera-t-elle comme une source d'émulation, de bons exemples, de bon gouvernement agricole? C'est ce qu'il n'est pas permis d'espérer, dans un siècle où la centralisation de jour en jour plus active promène en tous sens l'égalité de lois et de mœurs ».

L'association trouvait jadis à se glisser même dans le cas de propriété individuelle et de fermage, ainsi que le prouve le Commentaire suivant de l'art. 231, numéro 64 de la coutume du Poitou :

« Enfants de l'associé en bail de métairie prennent part dans les fruits.

» C'est un négoce ordinaire que des frères ou autres associez dans un bail de métairie et colonage partiaire; l'un des frères ou associez a des enfants, l'autre non; le bail fini, les fruits recueillis ou qui sont sur la terre ne se divisent point entre les frères ou associez par égales portions mais bien par têtes, suivant le nombre des personnes qui ont fait valoir la métairie; de telle sorte que les enfants de l'associé y prennent portion pour récompense de leur travail et des peines qu'ils ont employé pour la culture des terres. C'est la façon ordinaire de partager entre les paysans et gens de village; ils l'appellent partager par écuelle ou demi-écuelle, selon l'âge des enfants. »

Ce fait curieux d'association sur une petite échelle existe encore aujourd'hui dans les départements qui représentent l'ancien Poitou, et je l'ai observée jusque dans la partie vendéenne du département de Maine-et-Loire. J'y ai retrouvé ces expressions, parsonniers, vivre en parsonnerie [1]. Seulement, ce qui était *un négoce ordinaire* au dix-septième siècle devint de plus en plus rare au dix-neuvième, l'individualisme commençant à envahir les campagnes, et, grâce à lui, le paysan devenant insociable.

Ces associations agricoles, générales par toute la France, ne le furent pas moins par toute l'Europe. Si l'on veut ouvrir Walter Scott, ce romancier plus vrai que l'histoire, suivant une heureuse expression de Villemain, on trouve dans le premier chapitre du *Monastère* la description de communautés d'habitants en Angleterre au milieu du seizième

[1] Voir, page 10, les Paysans au dix-neuvième siècle, mémoire couronné par l'Académie de Nantes en 1847. Par E. Bonnemère.

siècle, en tout semblables à celles dont nous avons parlé. L'auteur constate de plus, et nous en prenons acte, qu'elles sont encore en pleine vigueur dans le nord de la Grande-Bretagne. Travail commun, propriété commune, droit au travail et à la propriété, tous ces caractères se retrouvent dans les lignes suivantes :

« La résidence de ces vassaux de l'Eglise était ordinairement un petit village ou hameau formé par trente ou quarante familles, qui se servaient mutuellement d'aide et de protection. Les habitants possédaient ordinairement le terrain en commun, bien qu'à proportions variées, suivant la diversité des concessions... Toute la corporation participait indistinctement aux travaux, et le produit était distribué, après la récolte, selon les droits respectifs de chacun.

» Dans les terres un peu éloignées, on faisait de temps en temps une récolte, après quoi on les abandonnait à l'influence des éléments jusqu'à ce que les principes épuisés de la végétation fussent rétablis. Ces portions de terrains étaient à la disposition de qui voulait les prendre.

» Il y avait encore de vastes terrains marécageux, qui présentaient souvent des pâturages bien fournis, où les troupeaux de tous les habitants venaient paître en commun pendant tout l'été. Un berger de la ville était chargé de les conduire régulièrement chaque matin et de les ramener chaque soir... Voilà de ces choses qui font lever les mains et ouvrir de grands yeux à nos agriculteurs modernes; et cependant ce même mode de culture n'est pas entièrement tombé en désuétude dans quelques cantons reculés vers le nord de la Grande-Bretagne, et *on peut le voir en pleine vigueur et constamment suivi* dans l'archipel des îles Shetland. »

❧

Le passé nous fournirait bien d'autres armes encore contre les adversaires de l'avenir.

Dans la coutume du Nivernais, nous allons trouver le droit au travail existant en fait et en droit, et Guy Coquille signalant ses heureux effets. Je cite le texte, en le faisant suivre du commentaire du judicieux jurisconsulte :

« CHAPITRE II. — *Des champarts et parties.*

» Art. 1er. — Chacun peut labourer terres et vignes d'autrui non labourées par le propriétaire, sans aucune réquisition, en payant les droits de champart ou partie selon la coutume et usance du lieu où est l'héritage assis, jusques à ce que par le propriétaire luy soit défendu.

» Cette coutume a été introduite pour le bien public, à ce que la cueillette des bleds abondàt plus, et pour suppléer la négligence ou impuissance des propriétaires des terres; pourquoi ladite coutume doit estre favorisée par gracieuse interprétation, et ne faut pas y raisonner selon les subtilités et rigueurs du droit.

» .....Art. 3. — Pour labourer terres à champart et vignes à partie, l'on ne peut acquérir possession ni droit de propriété par prescription, par quelque laps de temps que ce soit.

» Cette loi rigoureuse semble être faite en faveur de la famille pour la conserver en union, même en ce pays où les ménages des villages ne peuvent estre exercez, sinon avec grand nombre de personnes vivans en commun, et l'expérience montre que les partages sont les ruynes des maisons de villages... [1] »

L'usage des champarts était favorisé à ce point que celui

---

[1] La jurisprudence résista longtemps au partage des biens de ces communautés. Ce n'est qu'entre 1762 et 1777 que l'on commence à rencontrer quelques exemples de partages partiels. M. Dupin cite et approuve un arrêt récent, qui empêcha un partage qui eût porté atteinte à l'existence de la communauté des Jault.

qui avait fumé la terre et récolté les *grands bleds* ne pouvait être empêché par le propriétaire de venir faire l'année suivante les *petits bleds*.

Il semble qu'autrefois on était préoccupé surtout de l'intérêt social, qui exige que l'on augmente la production en garantissant autant que possible du travail à tous, tandis qu'aujourd'hui tout est sacrifié à l'intérêt individuel, envisagé au point de vue exclusif du droit de propriété.

Mais le champart lui-même n'était pas une nouveauté, et il a existé longtemps encore en France. L'empereur Pertinax voulut que le champ laissé en friche appartînt à celui qui le cultiverait; si celui-là était esclave, il devenait libre, et le champ défriché était exempt d'impôts pendant dix ans. Aurélien alla plus loin ; il ordonna que les magistrats donnassent à d'autres les terres que l'on cessait de cultiver, et accorda trois ans d'indemnités à ceux qui s'en chargeaient. Une loi de Valentinien, de Théodose et d'Arcade accorde sans retour la propriété, au bout de deux ans de culture, des terres abandonnées incultes. Il n'est pas jusqu'à Louis XIV qui, dans l'ordonnance du 11 juin 1709, je crois, permet, à l'exemple de Pertinax, de mettre en valeur les terres non cultivées, sans être tenu de rembourser le propriétaire. Les édits du mois de janvier et d'octobre 1713 permettent aux syndics et habitants des paroisses d'affermer les terres et héritages laissés en friche par les propriétaires, à la charge par les fermiers de les cultiver. On peut consulter encore une déclaration du 16 janvier 1714, sur l'adjudication des biens abandonnés en Languedoc, et sur les exemptions accordées aux adjudicataires qui les mettraient en culture. Voyez aussi une pareille déclaration du 6 novembre 1717 pour les biens abandonnés en Provence. Autrefois le travail donnait la propriété, laquelle, pour se maintenir aux mêmes mains, devait être fécondée incessamment par le travail. C'était trop accorder au travail, sans doute, et j'aime mieux la restriction de la coutume du Nivernais; mais aujourd'hui n'accorde-t-on pas non plus trop à la propriété et pas assez au travail, lorsque l'on peut laisser toutes ses terres abandonnées, contribuer dans la mesure de sa fortune à affamer les populations, et s'opposer à ce que le prolétaire vienne gagner, en travaillant sur ce sol inutile, le pain que sa famille attend souvent en vain!

Voilà quel est l'historique du principe de l'association appliqué à l'agriculture depuis la bienvenue de Jésus-Christ. On voit maintenant que je n'ai point avancé un paradoxe, en disant que cet exposé n'était autre chose que l'histoire de l'agriculture elle-même. Et cependant cette idée de l'association, appliquée à l'atelier agricole, est controversée aujourd'hui avec une telle persévérance et une ignorance si grande du passé, qu'un écrivain célèbre et dont la parole fait autorité, M. Thiers, a pu imprimer dans un livre destiné à combattre l'association, qu'il ne sait pas distinguer de la communauté, qu'elle était inapplicable à l'agriculture, et que les réformateurs sociaux n'avaient jamais songé qu'à l'atelier industriel. Il revient à plusieurs reprises sur cette double assertion. Nous pouvons voir dès à présent ce qu'elle vaut dans sa première partie. Je sens que ce travail ne doit point être une œuvre de polémique; mais cependant, si c'est de l'ignorance, elle est bien grande chez un homme qui se pose en accusateur et en juge. Avant de condamner l'avenir, il faudrait savoir au moins ce qu'a été le passé.

CHAPITRE III.

HÉRÉSIES ET SECTES DIVERSES.

Frères moraves. Huttériens. Missions du Paraguay. Quakers, Tunkers, Shakers. Pélagianisme, vaudois, albigeois, lollards, hussites.

> Les siècles pas à pas épellent l'Évangile.
> LAMARTINE.

Comme si ce n'était pas assez que les communautés pieuses des douze premiers siècles et les communautés laïques des six siècles suivants n'aient pas cessé d'appliquer le principe de l'association à l'atelier agricole, et que tout le travail des champs se soit fait ainsi et pas autrement sous l'inspiration du christianisme; pendant toute cette période et jusqu'à notre époque des sectes nombreuses ont resserré de plus près encore le lien de la fraternité humaine, et de hardis penseurs ont érigé des systèmes dans lesquels, quoi qu'en ait dit l'écrivain que je viens de nommer, nous allons démontrer que l'atelier agricole fut toujours le pivot, la base de l'édifice, et l'association le moyen.

On connaît l'institution des Moraves, Hernhuters ou Frères Unis.

Après la dispersion des hussites, quelques sectateurs de Jean Hus se retirèrent dans les montagnes de la Moravie, sur les confins de la Bohême. En butte à des persécutions acharnées, ils comprirent la nécessité de se grouper pour se prêter les secours d'une mutuelle assistance. Leurs progrès furent rapides et considérables en Bohême, en Pologne, en Moravie, en Suisse, en Hollande, en Angleterre et en Ecosse, et dans tout le nord de l'Europe. La propagande franchit les mers, et des colonies moravites s'établirent aux Antilles, dans l'Amérique continentale, dans le midi de l'Afrique et jusqu'au Groenland. Ils s'établirent, sous la protection des Anglais, dans un canton de la Géorgie Américaine ; les peuplades sauvages de ce pays étaient en guerre avec les Anglais, mais on les vit respecter le caractère paisible et désintéressé des Moraves, qu'ils n'inquiétèrent jamais.

En 1722, le comte de Zinzindorf releva l'institution des Frères-Unis, leur offrit asile et protection dans les terres qu'il possédait dans la haute Lusace, et fonda le village de Hernhut.

Jamais peut-être l'égalité et la fraternité ne furent réalisées plus complétement que par les Moraves. Toutes les familles occupaient un vaste bâtiment unitaire. L'une de ces colonies, celle de Zust, n'a pas compté un personnel moindre de trois mille individus. Le maître ne l'était que de nom, et, pour éviter toute idée d'usurpation, la maîtresse devait appartenir à une autre famille, et le conjoint non titulaire n'avait aucune part aux prétendus priviléges du grade, qui donnait une plus grande responsabilité plutôt que de l'autorité. N'est-il pas assez étrange d'avoir retrouvé la même loi dans les associations agricoles d'Auvergne? Les Moraves avaient complétement réhabilité le travail, et il n'y avait pas pour eux de fonctions vulgaires ou dégradantes. Bien que les travaux de la terre se fissent en commun, il ne paraît pas cependant que les biens aient été en communauté ; seulement on ne pouvait aliéner sans l'autorisation du supérieur, et on versait à la caisse commune une partie de ses bénéfices. En dépit de calomnies inévitables, la famille fut respectée chez eux. La colonie était divisée par groupes divers, suivant l'âge et la condition civile des divers membres, et ces groupes eux-mêmes distinguaient des chœurs d'hommes et de femmes mariés, de garçons et de filles, de veufs et de veuves.

Disons en passant que l'on trouve quelque chose d'analogue à cette organisation dans Ch. Fourier.

Il naquit auprès du berceau même des colonies des Hernutes, une autre secte religieuse qui sut utiliser aussi la synergie humaine au profit du travail agricole.

En 1527, deux disciples de Storck, l'un des chefs de l'anabaptisme, Hutter et Gabriel Scherding, réunirent les débris de leur secte vaincue et expirante, et fondèrent en Moravie de nouvelles colonies. Toujours situées à la campagne, elles présentaient le spectacle de l'heureuse et féconde union de l'agriculture et de l'industrie. A la tête de chaque colonie présidait un archimandrite et un économe, qui tous deux relevaient du chef supérieur, de Hutter. Grâce à leur association, ces nouveaux travailleurs purent donner aux seigneurs dont ils cultivaient les terres le double de ce que pouvaient payer les fermiers isolés ; aussi les nobles s'empressaient-ils de leur donner leurs propriétés à bail.

Devenus, malgré la puissante protection de ces nobles et du sénéchal de la province, suspects à Ferdinand d'Autriche, roi des Romains, ce prince leur ordonna de quitter le pays. Ils obéirent sans résistance. Mais ce commencement de persécution fut pour eux l'occasion d'un triomphe, car un an s'était à peine écoulé, qu'à la demande de tous les propriétaires ils furent autorisés à rentrer dans leurs colonies. Des querelles religieuses, cette grande plaie du moyen âge, éclatèrent entre Hutter et Gabriel. Hutter périt dans les supplices. Gabriel plus modéré, et soutenant que c'était un devoir de se soumettre aux lois civiles des pays qui leur accordaient l'hospitalité, resta seul à la tête de la secte nouvelle, fonda de nombreuses colonies en Silésie, et réunit tous les anabaptistes de la Moravie sous son autorité. Leur nombre ne tarda pas à s'élever jusqu'à soixante-dix mille.

Voici, sur l'existence des Huttériens, une citation de l'un

de leurs adversaires, du P. Catrou, dans son *Histoire du fanatisme des religions protestantes* (1695).

« Dès qu'un domaine leur avait été confié, ces bonnes gens venaient y demeurer tous ensemble, dans un emplacement séparé, qu'on avait soin d'entourer de palissades. Chaque ménage particulier y avait sa hutte bâtie sans ornements, mais au dedans elle était d'une propreté charmante. Au milieu de la colonie, on avait érigé des appartements publics destinés aux fonctions de la communauté ; on y voyait un réfectoire, où tous s'assemblaient au temps du repas. On y avait construit des salles pour travailler à ces sortes de métiers que l'on ne peut exercer qu'à l'ombre et sous un toit. On y avait érigé un lieu où l'on nourrissait les petits enfants de la colonie. Il serait difficile d'exprimer avec quel soin et avec quelle propreté les veuves s'acquittaient de cette fonction charitable. Chaque enfant avait son petit lit et son linge marqué qu'on leur fournissait sans épargne. Tout était propre, tout était luisant dans la salle des enfants. »

Ainsi donc, voilà que nous retrouvons la crèche et l'asile, les deux plus précieuses *innovations* de notre temps, florissant, il y a plus de trois siècles, dans une secte oubliée du moyen âge !...

« Dans un autre lieu séparé, on avait dressé une école publique, où la jeunesse était instruite des principes de la secte et des autres sciences qui conviennent à cet âge. Ainsi les parents n'étaient chargés ni de la nourriture, ni de l'éducation de leurs enfants.

» ...La première règle était de ne point souffrir de gens oisifs parmi les frères. Dès le matin, après une prière que chacun faisait en secret, les uns se répandaient à la campagne pour la cultiver, d'autres exerçaient dans des ateliers publics les divers métiers qu'on leur avait appris. Personne n'était exempt du travail..., le vivre était frugal parmi les frères de Moravie ; d'un autre côté, le travail était grand et assidu...

» ...Tous les vices étaient bannis de la société. On ne vit point chez les Huttérites ces déréglements grossiers des Anabaptistes licencieux de la Suisse. Les femmes étaient d'une modestie et d'une fidélité au-dessus de tout soupçon. Cependant on n'employait guère que les armes spirituelles pour punir ou prévenir les désordres. La pénitence publique et le retranchement de la cène étaient des peines redoutées. Les plus coupables y étaient expulsés des communautés et rendus au monde... »

Les célèbres missions ou réductions du Paraguay sont également des colonies de travailleurs basées sur la prédominance du sentiment religieux. A côté du champ commun, nommé la Possession de Dieu, exploité et possédé par tous, chacun avait son troupeau et son champ. Ces colonies de travailleurs associés furent longtemps heureuses et florissantes, et la cause de leur désorganisation vint de l'extérieur et non de leur constitution même. Leur existence prouve donc en faveur de la possibilité et des bons effets de l'application du principe de l'association au travail agricole; leur ruine ne prouve rien contre ce principe.

Nous trouverions encore bien des arguments en faveur de l'union des forces et de l'association pour le travail aussi bien que pour la prière, en écrivant l'histoire de ces hérétiques des premiers siècles dont le catholicisme ne cessa de faire de si grands incendies, suivant la naïve expression d'un écrivain du temps. La pensée supérieure de toutes ces sectes diverses était une protestation en faveur du dogme de la fraternité, toujours battu en brèche par l'esprit d'individualisme qui tendait sans cesse à s'introduire au sein du catholicisme. Pour vouloir trop, il n'obtenait pas assez. Au lieu d'une association libre et proportionnelle, laissant à chacun l'essor de son individualité, groupant les forces pour la production, et, dans de certaines limites, pour la consommation, mais légitimant l'isolement de la vie intime, il voulait une communauté forcée, égalitaire, impossible parce qu'elle est contre nature, et qu'on ne chasse pas la nature à coups de fourche. Ainsi, le Pélagianisme, dès le cinquième siècle de l'ère chrétienne ; ainsi, plus tard, les Vaudois et les Albigeois, les Lollards et les Hussites, luttèrent tour à tour pour relier le faisceau de la fraternité humaine, toujours rompu parce qu'on voulait trop le serrer, comme il est rompu aujourd'hui, parce qu'on a voulu, par un excès contraire, constituer la société moderne sur l'égoïsme, l'individualisme, le chacun chez soi, chacun pour soi ; bientôt en effet, en analysant les travaux des socialistes du dix-neuvième siècle, nous reconnaîtrons en eux les protestants modernes contre cet autre excès, les uns au profit de l'association, les autres au point de vue du communisme.

Nous pourrions sans sortir de notre sujet citer les Quakers encore et quelques autres sectes. Qui n'a lu les merveilles de la Pensylvanie ? L'œuvre de Guillaume Penn ne rencontra pas de détracteurs ; et si l'on a ri de quelques coutumes bizarres, la pureté de leur vie, leur loyauté, leur amour du travail n'ont rencontré que des panégyristes.

Par un phénomène étrange et qui tendrait à conclure contre nos sociétés incomplètes, on a vu toujours et partout les sauvages, en Amérique comme en Afrique, comme dans l'Océanie, lutter, reculer jusqu'à la mort devant la civilisation, s'éteindre et disparaître plutôt que de se rallier à elle. Et cependant on vit des sauvages se soumettre à Guillaume Penn, et lui demander de les recevoir au nombre de ses vassaux. Il fallait que l'association fraternelle que venait de fonder le célèbre Quaker, répondît à quelques besoins profondément sentis de la nature humaine pour que ce fait anormal se manifestât.

Je ne dirai rien des Tunkers et des Shakers, colonies religieuses et agricoles qui ressemblent par beaucoup de points aux Quakers, mais qui convergeant vers la communauté plutôt que vers l'association, ne rentrent pas dans notre sujet. D'ailleurs le temps nous presse, et j'ai hâte d'arriver aux théories de ceux qui ont précédé les réformateurs de notre siècle.

CHAPITRE IV.

RÉFORMATEURS DU MOYEN AGE JUSQU'AU DIX-NEUVIÈME SIÈCLE.

Thomas Morus, Campanella, Morelly, Mably, Babœuf, Rousseau, Linguet,
Necker, Brissot, Faiguet.

> Souvent on croit hors des gonds de la raison
> ce qui n'est que hors de coutume.
>> MONTAIGNE.
>
> L'homme est l'ombre d'un songe, et son
> œuvre est son ombre.
>> Mademoiselle de GOURNAY.

L'Utopie, de Thomas Morus, est restée comme type et nom générique de toutes les théories qui n'ont pu passer dans le domaine des faits. Il faut le reconnaître, le célèbre chancelier de Henri VIII est communiste. Son organisation est basée sur l'agriculture : « Mettez, dit-il, un frein à l'avare égoïsme des riches; ôtez-leur le droit d'accaparement et de monopole. Qu'il n'y ait plus d'oisifs parmi vous. Donnez à l'agriculture un plus grand développement; créez d'autres branches d'industrie où vienne s'occuper utilement cette foule d'hommes oisifs, dont la misère a fait jusqu'à présent ou des vagabonds ou des valets, qui finissent par être à peu près tous des voleurs. — Si vous ne portez remède aux maux que je vous signale, ne me vantez pas votre justice, elle n'est qu'un mensonge spécieux. Vous abandonnez des milliers d'enfants aux ravages d'une éducation vicieuse et immorale. La corruption flétrit sous vos yeux ces jeunes plantes qui pouvaient fleurir pour la vertu, et vous les frappez de mort quand, devenus des hommes, ils commettent les crimes qui germaient dès le berceau dans leurs cœurs. Vous faites des voleurs pour avoir le plaisir de les pendre! »

L'île d'Utopie a pour capitale la vaste cité d'Amaurote;
elle compte de plus cinquante-quatre grandes villes entre
lesquelles le territoire a été partagé. De vastes établissements agricoles, garnis de tous les instruments aratoires,
sont répandus dans la campagne. Ces colonies comptent
un personnel de quarante individus au moins, des deux
sexes; et, par une bizarre inconséquence, l'auteur conserve l'esclavage antique et accorde deux esclaves à ces
quarante individus. Les professions industrielles, scientifiques et artistiques sont laissées à la vocation et au choix
de chacun; mais tous doivent le service agricole, comme
aujourd'hui l'on doit le service militaire. Les enfants étudient dans les écoles la théorie de l'agriculture, et dans les
campagnes voisines ils en apprennent la pratique. Chaque
année une partie des cultivateurs est remplacée par de
nouveaux colons, qui reçoivent de ceux qui ont déjà passé
une année aux champs l'éducation qu'ils rendront l'année
suivante aux travailleurs agricoles récemment enrôlés.

« Ainsi donc la subsistance publique n'a rien à craindre
de l'impéritie des citoyens chargés de l'entretenir. De plus,
ce renouvellement a pour but de ne pas user trop longtemps la vie des citoyens dans les travaux matériels et pénibles. »

Lorsqu'arrive le temps des grands travaux des champs,
les chefs des familles agricoles font connaître aux magistrats des villes le nombre des travailleurs extraordinaires
dont ils ont besoin. Une troupe de travailleurs arrive, et,
si le temps est favorable, la cueillette se fait dans le délai
le plus rapide.

Si l'oisiveté est inconnue en Utopie, il faut dire que le
fardeau du travail y pèse d'un poids léger. Il se compose
de deux séances par jour, de trois heures chacune[1]. Le
reste du temps est consacré au travail individuel, à la cul-

---

[1] Suivant Franklin, il suffirait que chacun se livrât à trois heures de travail
utile et bien fait pour que l'abondance régnât sur la terre.

ture des sciences et des arts, aux cours publics, aux distractions dans les jardins et les salles communes. On y jouit
du suffrage universel. Chaque famille se choisit un chef
qui concourt à l'élection d'un magistrat nommé sypho-
grante ou philarque, qui commande à trente familles. Dix
de ceux-ci obéissent à un protophilarque ou tranibore, et
ces derniers choisissent le roi entre quatre candidats dési-
gnés par le peuple. La royauté est à vie, mais non héré-
ditaire.

Thomas Morus se garde bien de toucher à la famille et
à la monogamie. Cependant il autorise le divorce dans
certains cas.

Des salles particulières sont destinées aux enfants. On y
trouve de l'eau, du feu, des berceaux, de sorte qu'ils peuvent être tenus avec la plus minutieuse propreté sans avoir
jamais à souffrir du froid. Les mères, autant que possible,
allaitent elles-mêmes leurs enfants. D'autres salles reçoivent ceux qui, quoique sevrés, n'ont pas encore cinq ans
accomplis. — Encore la crèche et l'asile!

Imprimée à Louvain, en 1516, l'Utopie eut cette bonne
fortune inattendue d'être accueillie avec enthousiasme.
Tous y applaudirent, les grands comme les petits, les savants comme le vulgaire, le soupçonneux Henri VIII comme
le docte Érasme.

Dans ce livre, dont l'apparition précéda d'une année les
prédications du fougueux Luther, Th. Morus prêche avec
une admirable éloquence le dogme de la tolérance et de la
liberté religieuse. Il n'a pas fallu moins de trois siècles de
guerres horribles pour faire de ce lambeau de l'Utopie de
Morus une vérité.

Mais s'il était sur ce point et sur bien d'autres singulièrement en avant de son siècle, il s'y rattache par d'autres
doctrines qui sentent le contemporain de Macchiavelli et
de César Borgia. Ainsi, lorsque les Utopiens étaient en
guerre avec un peuple voisin, ils mettaient à prix la tête

du prince ennemi et vouaient à la mort une tête couronnée pour épargner des milliers de vies. Ils semaient la discorde et la division dans le camp étranger, soudoyaient la révolte et provoquaient l'usurpation. Si, malgré tout, il fallait en venir aux mains, ils se battaient avec un invincible courage.

Venue en 1630, plus d'un siècle plus tard, la Cité du Soleil, de Campanella n'eut point le même succès, le même retentissement. L'œuvre nouvelle, il est vrai, est loin d'égaler en hardiesse et en grandeur l'Utopie de Th. Morus. Le réformateur anglais était un grand seigneur, tandis que Campanella n'était qu'un pauvre moine. Les murs du couvent rétrécissent le monde de sa fantaisie, et l'ogive étroite du monastère brise ses perspectives et rapproche ses horizons. Campanella vante les travaux agricoles et proscrit l'oisiveté, mais comme les Solariens font vœu de frugalité et de pauvreté, quatre heures de travail collectif suffisent à la satisfaction de leurs modestes besoins. La philosophie et les sciences absorbent le reste du temps, car ils vivent surtout par l'intelligence.

Mais la timidité qu'il ne sait pas secouer dans son organisation sociale, l'auteur s'en affranchit dans un autre ordre d'idées. Ainsi, les Solariens n'engraissent pas leurs champs au moyen de matières en décomposition, et les astres jouent un grand rôle dans la fécondation du sol. Il pressent l'invention de puissantes machines, de charrues marchant à la voile, de navires fendant le sein des mers sans voiles ni rames; l'homme s'élève au milieu des airs et dispute aux oiseaux leur immense empire. Le Solarien arrive à une longévité inconnue dans nos sociétés imparfaites. Sa vue, aidée d'instruments puissants, découvre dans les cieux des mondes nouveaux, et il entend le concert harmonieux des sphères célestes. Quelques-unes de ces folies du dix-septième siècle sont des vérités aujourd'hui. Par cette partie de son œuvre, Campanella trace la route à Fourier. Quant à la hiérarchisation de son monde nouveau, il peut bien avoir inspiré parfois les Saint-Simoniens.

Le moine calabrais ne sut pas respecter la famille, et sur ce point, qui ne mérite pas d'être discuté, il procède directement de Lycurgue et va plus loin que Platon.

Quoi qu'il en soit, Campanella fut un des penseurs de son temps. Si la cité du Soleil n'eut pas le succès de l'Utopie, Campanella n'eut pas non plus l'heureuse fortune de Th. Morus pendant sa vie et jusqu'à sa catastrophe. Il passa vingt-sept années en prison, et fut, en vingt-quatre heures, appliqué sept fois à la torture. Réfugié en France, il fut, en 1739, l'une de ces nombreuses victimes de Guénault et de l'antimoine qu'un vers de Boileau ne vengea qu'imparfaitement [1].

Sans prétendre ranger Fénelon parmi les écrivains révolutionnaires du dix-septième siècle, il faut lui savoir gré d'avoir émis des idées d'une grande hardiesse pour son temps. Parfois même il fut trop loin, à mon sens, et il dépasse l'association pour aller bien près de la loi agraire, lorsqu'il dit : « Il ne faut permettre à chaque famille, dans chaque classe, de pouvoir posséder que l'étendue de terre absolument nécessaire pour nourrir le nombre de personnes dont elle est composée. » (TÉLÉMAQUE, *Lois de Salente.*)

Bossuet n'était-il pas mieux inspiré lorsqu'il s'écriait : « Chaque homme doit avoir soin des autres hommes, l'intérêt même nous unit. Le frère aidé de son frère est comme une ville forte. Voyez comme les forces se multiplient par la société et le secours mutuel. »

Ainsi toujours le sentiment religieux tend à rapprocher, à réunir, à associer les hommes. C'est qu'en effet les mi-

---

[1] Il compterait plutôt combien, dans un printemps,
Guénault et l'antimoine ont fait mourir de gens !

nistres de Dieu ne pourraient repousser comme impies les
idées d'association qu'à la condition de ne pas les connaître ou d'avoir perdu le sens de la parole de Jésus-Christ.

J'ai dit que pendant le cours du dix-huitième siècle l'esprit philosophique avait combattu le dogme de la fraternité, de la communauté et de l'association, et l'avait anéanti
à la fin au profit de la liberté individuelle. Cela se comprend. Cette idée d'association et de communauté se présentait à ces grands démolisseurs indissolublement liée à
celle de la féodalité religieuse et nobiliaire ; la communauté, pour eux, c'était le couvent; l'association, c'était
ces réunions de serfs que leur travail acharné ne parvenait
qu'imparfaitement à affranchir, et qui, lorsque le seigneur
ou l'abbé venaient les visiter, battaient l'eau et chantaient,
en menant plus grand bruit que ne l'eussent fait tous les
batraciens réunis d'une province :

> Pà, pà, renote, pà !
> Veci monsieur l'abbé que Dieu gà !
> Paix, paix, grenouille, paix !
> Voici monsieur l'abbé que Dieu garde !

Ils ne voyaient plus l'immense progrès relatif accompli
par ces institutions d'un autre âge, et qui n'eût pu l'être
sans elles. De même qu'aujourd'hui l'on ne tient pas assez
compte du prodigieux développement industriel et agricole
enfanté par la libre concurrence et par le morcellement de
la terre. Chaque chose ne peut arriver qu'à son heure. Par
le servage l'homme ne fut plus que l'esclave de la terre.
Par le salariat il n'est plus que l'esclave de la faim. Par
l'association l'homme sera libre.

Voltaire, ce puissant génie des ruines, donna à l'indi-
gnation de tous la voix de son ironie impitoyable :

« On dit communément qu'il n'y a plus d'esclaves en

France, que c'est le royaume des Francs, qu'esclave et Franc sont contradictoires; qu'on y est si franc, que plusieurs financiers y sont morts en dernier lieu avec trente millions de francs acquis aux dépens des anciens Francs, s'il y en a. Heureuse la nation française d'être si franche! Cependant comment accorder tant de liberté avec tant d'espèces de servitudes, comme, par exemple, celle de la mainmorte?...

» .... Mais le plus curieux et le plus consolant de toute cette jurisprudence, c'est que les moines sont seigneurs de la moitié des terres mainmortables.

» ..... Quand nous avons fait quelques remontrances modestes sur cette étrange tyrannie de gens qui ont juré à Dieu d'être pauvres et humbles, on nous a répondu : Il y a six cents ans qu'ils jouissent de ce droit, comment les en dépouiller? Nous avons répliqué humblement: Il y a trente ou quarante mille ans, plus ou moins, que les fouines sont en possession de manger nos poules, mais on nous accorde la permission de les détruire quand nous les rencontrons. » (*Dictionnaire philosophique.*)

Lorsque, par l'édit du 8 août 1779, Louis XVI, à l'instigation de Necker, abolit le servage sur les terres du domaine royal, on comprend combien la propriété divisée, morcelée, particulière, dut séduire ces affranchis d'hier, que la nécessité avait faits associés. Mais par une singulière restriction, Louis, dans le préambule, disait que le respect de la propriété ne lui permettait pas de toucher aux droits seigneuriaux sur les serfs! Déjà commençait, on le voit, le malentendu qui n'est pas encore éclairci. La propriété sous la monarchie, c'était le droit d'exploiter le travail de tous au bénéfice d'un seul; ce n'était pas le droit pour le travailleur de s'approprier les fruits de son travail. Le droit de propriété du seigneur sur le serf était sacré ; le droit de propriété du travailleur sur lui-même et sur les fruits du travail de ses bras n'était pas acceptable encore. Pour être déplacée, la question reste dans les mêmes termes. Elle était entre le seigneur et les serfs, elle est entre le capitaliste et les prolétaires. Au nom des droits de la propriété-capital, on repousse le droit de la propriété-travail. Que Dieu détourne de nos têtes les sanglants malheurs que l'aveuglement des nobles a causés à la France !

Mais en même temps que cette révolution légitime se faisait dans les idées, et des idées passait dans les faits, d'éloquentes protestations s'écrivaient dans l'ombre et rappelaient les hommes au rapprochement des forces, à l'union des cœurs, à l'association, à la communauté même. Ainsi, Morelly, dans ses Iles flottantes de la Basiliade, en 1753, et dans son *Code de la nature*, en 1775; Mably, dans le livre intitulé *Doutes sur l'ordre naturel et essentiel des sociétés*, en 1768; et enfin, plus tard, Babœuf et Ph. Buonarotti protestèrent tous contre l'idée d'individualisme et d'insolidarité, et les protestations devenaient d'autant plus nombreuses que le principe contraire grandissait et gagnait du terrain.

Précisément parce que ces réformateurs tendaient vers la communauté, il me semble que nous n'avons point à entrer bien longuement ici dans le détail de leurs théories. Je dirai seulement, pour ce qui se rattache directement à la question qui nous occupe, que Morelly faisait à tout citoyen, sans exception, une obligation de donner cinq années de sa vie, de 20 à 25, au travail de la terre. Mably n'insiste pas moins sur l'importance du travail agricole, et fournissant d'avance à Fourier un de ses arguments en faveur du travail attrayant, il signale le charme des travaux exécutés par des groupes nombreux : « Le travail qui accable les laboureurs ne serait qu'un amusement délicieux si tous les hommes le partageaient. Notre avarice les tient dans la misère : au lieu des fruits qu'ils font naître pour nous à la sueur de leur front, il leur reste à peine une vaine pâture; ils ont tous les vices de la pauvreté; et la crainte de l'avenir est peut-être pire pour eux que leur indigence présente. » Chateaubriand est sévère pour cet écrivain. Cependant, dans la préface des *Etudes historiques*, il semble approuver ses idées sur la propriété : « Lisez, dit-il, dans cet auteur gourmé quelques passages sur la transfusion des propriétés : ils sont bons. »

Voici une rapide et substantielle analyse, par M. Villegardelle, du *Code de la nature*. Les communistes contemporains n'ont rien imaginé de mieux.

« Maintenir l'unité indivisible du fonds et de la demeure commune;

» Établir l'usage commun des instruments de travail et des produits;

» Rendre l'éducation également accessible à tous;

» Distribuer les travaux selon les forces, les produits selon les besoins;

» Conserver autour de la cité un terrain suffisant pour nourrir les familles qui l'habitent;

» Réunir mille personnes au moins, afin que, chacun travaillant selon ses forces et ses facultés, consommant selon ses besoins et ses goûts, il s'établisse sur un nombre suffisant d'individus une moyenne de consommation qui ne dépasse pas les ressources communes, et une résultante de travail qui les rende toujours assez abondants;

» N'accorder d'autres priviléges au talent que celui de diriger les travaux dans l'intérêt commun, et ne pas tenir compte, dans la répartition, de la capacité, mais seulement des besoins, qui préexistent à toute capacité et lui survivent;

» Ne pas admettre de récompenses pécuniaires : 1° parce que le capital est un instrument de travail, qui doit rester entièrement disponible aux mains de l'administration;

2° parce que toute rétribution en argent est inutile ou nuisible : inutile dans le cas où le travail, librement choisi, rendrait la variété et l'abondance des produits plus abondantes que nos besoins, nuisible dans le cas où la vocation et le goût ne feraient pas remplir toutes les fonctions utiles ; car ce serait donner aux individus un moyen de ne pas payer la dette du travail, et de s'exempter des devoirs de la société sans renoncer aux droits qu'elle assure. »

Les idées de Morelly sur la famille furent d'une grande pureté. Cessant d'être un trafic, une affaire d'argent ou de convenance sociale, le mariage était pour lui l'union indissoluble et sainte de deux âmes sympathiques. Le divorce cependant était permis, mais après dix années de mariage et avec des restrictions semblables à celles que présentait le Code civil, lorsqu'il reconnaissait la légitimité de la séparation complète des époux.

Babœuf était un conspirateur, il faisait appel à l'insurrection, à la violence. « Si me semble il, — comme dit Montaigne, qui eut un peu le tort, il est vrai, de manquer de croyances et de convictions, — qu'il y a grand amour de soy et présomption, d'estimer ses opinions jusque-là que, pour les établir, il faille renverser une paix publique, et introduire tant de maux inévitables et une si grande corruption de mœurs que les guerres civiles apportent et les mutations d'état, en chose de tel poids, et les introduire en son pays propre. » Toutefois Babœuf, dans le Manifeste des Égaux, donnait le premier rang à l'agriculture parmi les travaux utiles. Son erreur, son crime si l'on veut, fut de croire que l'on imposait des convictions, et que du jour au lendemain on pouvait changer les relations sociales comme on modifie les formes de la politique. Ce n'est pas ainsi que peuvent marcher les choses, et les progrès, même les plus évidents et les plus incontestables, doivent s'expérimenter en petit, démontrer leur valeur et se faire désirer. Il faut du temps pour avoir raison des préjugés et de la routine. « La coutume, dit encore Montaigne, est royne et impérière du monde. » Les vices organiques des sociétés ne sont pas un vain décor d'opéra qu'un coup de sifflet fait tomber à vue et remplace par quelque château féerique et resplendissant. Supposons que, par impossible, il y a cent ans, au milieu de l'organisation industrielle d'alors et des moyens dont la science et la mécanique pouvaient disposer, on eût introduit tout à coup l'organisme industriel moderne avec son matériel de machines, et tout ce qui le constitue enfin. Quelle perturbation, quel désordre, quel chaos, quelle épouvantable révolution ! Que de ruines, d'existences détruites, quels énormes capitaux subitement rendus stériles et anéantis. Qui donc eût dirigé sans apprentissage cette organisation nouvelle, qui eût animé ces machines, qui eût maîtrisé leur force terrible, aussi puissante pour détruire que pour créer ?

—◦⊰⊱◦—

Même en dehors de ces trois réformateurs principaux du dix-huitième siècle, bien des voix généreuses s'étaient élevées contre l'appropriation individuelle du sol. On connaît ce célèbre passage de J.-J. Rousseau : « Le premier qui, ayant enclos un terrain, s'avisa de dire : Ceci est à moi ! — et trouva des gens assez simples pour le croire, fut le vrai fondateur de la société civile. Que de crimes, de guerres, de meurtres, que de misères et d'horreurs n'eût point épargnés au genre humain celui qui, arrachant les pieux et comblant le fossé, eût crié à ses semblables : Gardez-vous d'écouter cet imposteur ; vous êtes perdus si vous oubliez que les fruits sont à tous, et que la terre n'est à personne. »

Et pourtant ces lignes hardies, cet anathème contre la propriété individuelle, qui a soulevé contre l'auteur de l'*Émile* tant de colères, n'est rien que la reproduction presque textuelle de cette phrase de saint Clément : « La vie commune est obligatoire à tous les hommes ; c'est l'iniquité qui a fait dire à l'un : ceci est à moi ; et à l'autre : ceci m'appartient. — De là est venue la discorde entre les mortels. »

On pourrait être conduit par un autre ordre d'idées à la même théorie des *fruits à tous* et de *la terre à personne*. Les rois, aux jours où la royauté était une vérité, n'avaient jamais cessé de se regarder comme maîtres et propriétaires de toute l'étendue de leur empire. Encore à la fin du dix-septième siècle, Louis XIV, dans un édit d'août 1692, formula ses droits sur la propriété générale de la France, et, dans ses instructions au dauphin, il les exprima en ces termes : « Tout ce qui se trouve dans l'étendue de nos états, de quelque nature qu'il soit, nous appartient au même titre. Vous devez être bien persuadé que les rois sont seigneurs absolus, et ont naturellement la disposition pleine et libre de tous les biens qui sont possédés aussi bien par les gens d'église que par les séculiers, pour en user comme de sages économes. »

On le voit, les révolutions ont singulièrement modifié l'exercice du droit de propriété des rois, qui ne regardaient leurs sujets que comme les économes et les dispensateurs des revenus royaux. Cette heureuse modification n'a pas détruit la propriété, bien au contraire, car on ne détruit pas une institution en la dégageant de ses vices, pas plus qu'on ne tue le corps en guérissant la maladie qui le ronge. — L'État, c'est moi ! — disait Louis XIV. Et à ce titre tout était à lui. Mais si, se plaçant au point de vue de la société nouvelle, on laisse l'État en supprimant le roi : si, à la place de l'individu couronné, on reconnaît la suprématie de la nation, la royauté du peuple, de l'ensemble des hommes, de l'humanité, on arrive à consacrer le droit inviolable et sacré de tous à la propriété de tous les biens naturels.

Voilà dans quels termes Rousseau pose le problème au

chapitre VI du *Contrat social* : « Trouver une forme d'association qui défende et protége de toute la force commune la personne et les biens de chaque associé, et par laquelle chacun, s'unissant à tous, n'obéisse pourtant qu'à lui-même, et reste aussi libre qu'auparavant. »

Il est, à mon avis, difficile de mieux préciser la question, et l'on voit que Rousseau ne comprenait pas de bonheur, pas de société possible en dehors de l'association.

Helvétius préconisait la loi agraire, c'est-à-dire qu'il voulait bien l'appropriation individuelle, mais à la condition que les droits de tous seraient en fait les mêmes. Il ne voyait de remède au mal que dans l'excès du mal même. Ne pourrait-on pas dire que nous marchons vers cette prétendue solution d'Helvétius ? Imaginez en effet que le principe du morcellement agricole porte tous ses fruits, et soit complétement réalisé : le résultat n'est pas autre chose que l'application de la loi agraire.

Montesquieu lui-même paya son tribut d'admiration et d'éloges aux lois de Lycurgue et à l'austérité spartiate. Linguet, Necker, animés tous deux d'un violent amour de l'humanité, et gémissant des misères des masses, n'hésitèrent pas à présenter sous l'aspect d'odieuses tyrannies les droits résultant de la propriété individuelle. Mais si leurs écrits ont une sérieuse valeur critique, leurs solutions sont nulles et sans portée. Je me contente de citer les lignes suivantes de Necker :

« En arrêtant sa pensée sur la société et sur ses rapports, on est frappé d'une idée générale, qui mérite bien d'être approfondie : c'est que presque toutes les institutions civiles ont été faites pour les propriétaires. On est effrayé, en ouvrant le code des lois, de n'y découvrir partout que le témoignage d cette vérité. On dirait qu'un petit nombre d'hommes, après s'être partagé la terre, ont fait des lois d'union et de garantie contre la multitude, comme ils auraient mis des abris dans les bois pour se défendre des bêtes sauvages.

Cependant, on ose le dire, après avoir établi des lois de propriété, de justice et de liberté, on n'a presque rien fait encore pour la classe la plus nombreuse des citoyens. Que nous importent vos lois de propriété? pourraient-ils dire; nous ne possédons rien. Vos lois de justice? nous n'avons rien à défendre. Vos lois de liberté? si nous ne travaillons pas demain, nous mourrons. » (Législation et commerce des grains, 1775.)

Mirabeau semble ne reconnaître à l'homme qu'une sorte de droit d'usufruit sur le sol, et il ne voit dans le riche que le distributeur de la fortune sociale. Implicitement, il reconnaît au travailleur le droit de partager avec lui les fruits de la terre. « Je ne connais, s'écria-t-il dans la séance du 10 août 1789, que trois manières d'exister dans la société : Il faut y être mendiant, voleur ou salarié. Le propriétaire n'est lui-même que le premier des salariés. Ce que nous appelons vulgairement sa propriété n'est autre chose que le prix que lui paye la société pour les distributions qu'il est chargé de faire aux autres individus par sa consommation et ses dépenses. Les propriétaires sont les agents, les économes du corps social. »

C'est toujours à peu près, on le voit, la définition de Louis XIV. Mais, à un siècle de distance, Mirabeau l'empruntait plutôt à cette belle idée de saint Basile, si souvent développée par Massillon : Que le riche doit être sur la terre le dispensateur des dons de la providence, et pour ainsi dire l'intendant des pauvres. Autant, en effet, la prétention du grand roi était étroite et arbitraire, autant l'interprétation de Basile, de Massillon, de Mirabeau était large, et basée sur le sentiment vrai de la fraternité humaine. Entre Louis XIV et Mirabeau, il y avait toute une révolution sociale; il y avait, non la destruction, mais la confirmation du droit de propriété égal et sacré pour tous. L'orateur de l'Assemblée constituante la retrempait, sans s'en douter, aux sources vives et pures du dogme chrétien.

6

« Qu'est-ce que la propriété en général ? s'écriait-il dans un autre instant de la même discussion. — C'est le droit que tous ont donné à un seul de posséder exclusivement une chose à laquelle, dans l'état naturel, tous avaient un droit égal. »

Et l'abbé Maury, qui lui répondait, ne reconnaissait pas plus que lui le droit naturel de l'homme à la propriété individuelle. « Une propriété antérieure à la loi est une chimère, dit-il ; il n'en existe que par la loi. Rousseau décrit la propriété *le droit au premier occupant par le travail.* Il a fallu que la loi intervînt, car personne ne sème s'il n'a la certitude de recueillir. »

Tronchet leur fut encore venu en aide, s'il en eût été besoin, et que ce point eût été controversé : « C'est l'établissement seul de la société, dit-il, ce sont les lois conventionnelles qui sont les véritables sources du droit de propriété. »

Mais l'écrivain le plus radical, celui qui fut le plus loin dans cette voie, c'est Brissot de Warville, qui joua depuis un rôle considérable dans la Révolution. Qu'on me permette de citer quelques lignes de son livre, publié en 1780 sous ce titre : *Recherches philosophiques sur le droit de propriété et le vol :*

« La mesure de nos besoins doit être celle de notre fortune ; et si quarante écus sont suffisants pour conserver notre existence, posséder 200,000 écus est un vol évident, une injustice. On a crié contre la petite brochure de l'*Homme aux quarante écus.* L'auteur y prêchait de grandes vérités. Il y prêchait l'égalité des fortunes, il y prêchait contre la propriété exclusive, car la propriété exclusive est un vol dans la nature.

» On a rompu l'équilibre que la nature a mis entre tous les êtres. L'égalité bannie, on a vu paraître ces distinctions odieuses de riches et de pauvres. La société a été partagée en deux classes : la première de citoyens propriétaires, la seconde, plus nombreuse, composée du peuple, et, pour affermir le droit cruel de propriété, on a prononcé des peines cruelles : l'atteinte portée à ce droit s'appelle vol, et pourtant le voleur, dans l'état naturel, est le riche, celui qui a le superflu.

» Dans la société, le voleur est celui qui dérobe le riche. Quel bouleversement d'idées ! »

On le voit, de Brissot à M. Proudhon la filiation est flagrante, et le célèbre publiciste, en s'appropriant son fameux paradoxe, *la propriété c'est le vol*, a bien pu donner en même temps l'exemple et la leçon de la propriété basée sur le vol.

Il n'y a rien de nouveau sous le soleil, et si Rousseau emprunte à saint Clément son anathème contre la propriété individuelle, Brissot vole à saint Basile les termes de cette assimilation trop sévère : « Si l'on appelle *voleur* celui qui dérobe un habillement, doit-on donner un autre nom à celui qui, pouvant sans se nuire habiller un homme qui est tout nu, le laisse pourtant tout nu ? Le pain que vous retenez chez vous, et dont vous avez de trop, est aux pauvres qui meurent de faim ; les habillements que vous gardez dans votre armoire sont à ceux qui sont nus ; les souliers qui moisissent chez vous sont à ceux qui n'en ont pas ; l'argent que vous cachez dans la terre est à ceux qui sont ruinés. » (*De Avarit.*)

Saint-Just rendait le travail agricole obligatoire pour tous. « Tout propriétaire, disait-il, qui n'exerce point un métier, qui n'est point magistrat, qui a plus de vingt-cinq ans, est tenu de cultiver la terre jusqu'à cinquante ans. » On peut sourire en présence de cette étrange organisation du travail, mais cela valait quelque chose, cependant, contre ce droit exorbitant peut-être du propriétaire, de chasser, s'il veut, les populations qui font croître les plantes les plus immédiatement nécessaires à la vie de l'homme, pour tout mettre en jachères, en bois et en pâturages, et élever seulement les bestiaux qui se vendent pour les villes et dont les riches seuls mangent la chair.

—◈—

Il y eut encore au dix-huitième siècle un écrivain peu connu qui, tout en signalant les dangers de la propriété individuelle, sut éviter de se jeter dans l'excès contraire. Je veux parler de Faïguet, trésorier de France, qui a publié dans l'Encyclopédie (art. *Moraves*) un projet d'association agricole qui, tout en mettant en saillie les avantages de l'association pour produire et consommer, respecte cependant la propriété. Ce projet n'a plus aujourd'hui l'importance qu'il avait alors, et je me contente de le signaler sans l'analyser. Il n'en est pas de même des réponses qu'il fait par avance aux critiques qu'il prévoit, et qui, aujourd'hui, sont les mêmes. Les considérations auxquelles se livre l'auteur sont sérieuses, et je crois qu'il est utile de les reproduire ici.

« Objections et réponses. On ne manquera pas de dire qu'une association de gens mariés est absolument impossible ; que ce serait une occasion perpétuelle de trouble, et qu'infailliblement les femmes mettraient le désordre parmi les consorts ; mais ce sont là des objections vagues et qui n'ont aucun fondement solide. Car pourquoi les femmes causeraient-elles plutôt du désordre dans une communauté conduite avec de la sagesse qu'elles n'en causent tous les jours dans la position actuelle, où chaque famille, plus libre et plus isolée, plus exposée aux mauvaises suites de la misère et du chagrin, n'est pas contenue, comme elle le serait là, par une police domestique et bien suivie ? D'ailleurs si quelqu'un s'y trouvait déplacé, s'il y paraissait inquiet, ou qu'il y mît de la division ; dans ce cas, s'il ne se retirait de lui-même, ou s'il ne se corrigeait, on ne manquerait pas de le congédier.

» Mais on n'empêcherait pas, dit-on, les amours furtives, et bientôt ces amours causeraient du trouble et du scandale.

» A cela, je réponds que l'on ne prétend pas refondre le genre humain ; le cas dont il s'agit arrive déjà très-fréquemment, et sans doute qu'il arriverait ici quelquefois ; néanmoins on sent que ce désordre serait beaucoup plus rare. En effet, comme l'on serait beaucoup moins corrompu par le luxe, moins amolli par les délices, et qu'on serait plus occupé, plus en vue et plus veillé, on aurait moins d'occasions de mal faire, et de se livrer à des penchants illicites. D'ailleurs, les vues d'intérêt étant alors presque nulles dans les mariages, les seules convenances d'âge et de goût en décideraient, conséquemment il y aurait plus d'union entre les conjoints, et, par une suite nécessaire, moins d'amours répréhensibles. J'ajoute que, le cas arrivant, malgré la police la plus attentive, un enfant de plus ou de moins n'embarrasserait personne, au lieu qu'il embarrasse beaucoup dans la position actuelle. Observons enfin que les mariages mieux assortis dans ces maisons, une vie plus douce et plus réglée, l'aisance constamment assurée à tous les membres, seraient le moyen le plus efficace pour effectuer le perfectionnement physique de notre espèce, laquelle, au contraire, ne peut aller qu'en dépérissant dans toute autre position.

» Au surplus, l'ordre et les bonnes mœurs qui règnent dans les communautés d'Auvergne, l'ancienneté de ces maisons et l'estime générale qu'on en fait dans le pays prouvent également la bonté de leur police et la possibilité de l'association proposée. Des peuples entiers, à peine civilisés, et qui, pourtant, suivent le même usage, donnent à cette preuve une nouvelle solidité. En un mot, une institution qui a subsisté jadis pendant des siècles, et qui subsiste encore presque sous nos yeux, n'est constamment ni impossible ni chimérique. J'ajoute que c'est l'unique moyen de les contenir dans les bornes d'une sage économie, et de leur épargner une infinité de sollicitudes et de chagrins, qu'il est moralement impossible d'éviter dans l'état de désolation où les hommes ont vécu jusqu'à présent. »

CHAPITRE V.

LA COMMUNAUTÉ ET L'ASSOCIATION DANS L'ANTIQUITÉ.

Lois de Manou. La Grèce. Minos, Lycurgue, Platon, Aristote, Pythagore.
Rome. L'Ager privatus et l'Ager publicus. La Judée. Lois de Dieu.
Le jubilé. Les Esséniens.

> L'ignorance et la barbarie de nos pères, loin
> d'être une règle pour nous, n'est qu'un aver-
> tissement de faire ce qu'ils feraient s'ils étaient
> en notre place avec nos lumières.
>
> VOLTAIRE.

Nous sommes arrivés aux réformateurs du dix-neuvième siècle. Mais cette partie exigera quelques développements, et, pour en finir avec le passé, je veux analyser très-rapidement ce que l'antiquité peut nous offrir qui se rapporte à l'objet de nos recherches. Plusieurs motifs m'engagent à être très-bref sur cette partie. La tradition mosaïque exceptée, le dogme apporté par Jésus-Christ fait une scission presque complète avec les diverses religions des peuples anciens. Toutes étaient basées sur l'esclavage et l'exploitation de l'homme par l'homme. Jésus-Christ apporta au monde le dogme éternellement sublime de la liberté, de l'égalité, de la fraternité. Ce qui s'est fait avant lui n'a donc plus qu'un intérêt de curiosité, et ne peut guère servir d'étalon et de mètre pour ce qui s'est fait depuis, pour ce qu'il s'agit de fonder à cette heure.

Les lois de Manou sont les plus anciennes que nous connaissions. Voici ce qu'elles disent : « Le Brahmane est le seigneur de tout ce qui existe; tout ce que ce monde renferme est sa propriété; c'est par sa générosité que les autres hommes jouissent des biens de ce monde. » (Liv. VIII, st. 37; liv. I, st. 100; liv. VIII, st. 416). Avec de pareilles lois, on fait des castes, et non des associations. Aussi y a-t-il bien au-dessous des Brahmanes trois autres castes: celle des guerriers, celle des laboureurs, celle des artisans. C'est, au profit de la caste religieuse, du communisme basé sur l'esclavage; ce n'est pas, ce ne peut pas être de l'association.

Minos est un très-illustre législateur, sans contredit, et je ne prétends point contester sa gloire tant de fois séculaire. Mais tout est relatif. Il se peut qu'il faille tout autant de génie pour sculpter ces images informes que nous ont léguées les peuples barbares, que pour animer les groupes de David et de Pradier. Toutes ces vieilles lois et toutes ces vieilles pierres n'en sont pas moins, d'une manière absolue, des œuvres fort grossières. Minos avait réalisé la communauté. Les esclaves de l'île de Crète, les *Periœces*, étaient chargés de la culture des terres. Ils payaient directement au trésor public leurs redevances en grains, argent et bestiaux. Le culte des dieux et les charges communes absorbaient une partie de ces redevances; une autre défrayait les repas publics; une autre entretenait dans la paresse hommes, femmes et enfants.

Les travailleurs de l'agriculture étaient donc réunis, ils n'étaient pas associés. C'étaient des troupeaux humains, non des groupes de travailleurs. Ils n'étaient pas plus associés avec leurs maîtres qu'entre eux, puisqu'ils n'avaient nul droit acquis sur les produits qu'ils créaient. Les mœurs étaient d'un suprême décolleté, le divorce était permis, les amours les plus infâmes étaient autorisées.

Tels sont le plus souvent ces vertueux anciens dans le respect et l'admiration desquels l'Université élève notre enfance, sauf plus tard à condamner en nous, à l'égal de crimes sociaux, les principes que l'on s'est donné tant de peine à nous apprendre.

Les célèbres lois de Lycurgue ne valent guère mieux.

Nous y retrouvons le travail agricole abandonné aux esclaves, aux ilotes. Ceux-ci étaient plus maltraités encore que
les esclaves ne l'étaient en Crète. Lycurgue avait mis en
pratique la loi agraire ; il avait divisé le sol entre tous les
citoyens qui l'affermaient aux ilotes. Il y avait encore là
bien plus d'impossibilité de faire de l'association. La
réalisation de la loi agraire était combinée avec le communisme, puisqu'une partie des revenus du travail agricole
était mise en commun pour les repas publics.

Quant à la famille, on sait quels moyens radicaux avait
employés Lycurgue pour extirper la peste de la jalousie :
c'était un haras humain ; l'époux qui doutait de soi présentait à sa femme le beau jeune homme dont il voulait
avoir de la race ; si le produit n'était pas satisfaisant, on
s'en défaisait à sa naissance, mettant ainsi en pratique les
odieuses prescriptions que l'économisme frappé de vertige
devait de nos jours ériger en théories.

On voit que nous n'avons rien à emprunter aux ruines
de Sparte pour élever l'édifice moderne.

On avait sous Louis XIV un profond respect pour l'antiquité ; aussi le sévère Bossuet se contente-t-il, dans son
Histoire universelle, de dire en parlant de Lycurgue : « Il
est repris d'avoir peu pourvu à la modestie des femmes. »

Chez les Thessaliens, les travaux agricoles étaient livrés
également aux esclaves, aux pénestes, espèce d'esclaves
volontaires dont la situation ressemblait assez à celle des
mainmortables du moyen âge.

⎯◦⎯

Ce qu'il y eut de mieux en Grèce, ce fut sans contredit
la république irréalisée de Platon. Ce magnifique génie
avait compris que le but de la vie était le développement
complet de toutes les facultés humaines, et que la société
la plus parfaite serait celle qui laisserait le plus de lati-

tude à cette légitime expansion. Seulement, il ne croyait pas, et c'était son erreur, que cette expansion dût s'accomplir chez chaque individu ; les facultés ne devaient pas s'exercer librement chez ceux dans lesquels elles se manifestaient, et il les avait personnifiées dans trois classes distinctes : l'intelligence dans celle des magistrats, la volonté dans celle des guerriers, les sens dans celle des artisans. Il prétendait lier d'autant plus ces classes entre elles, que, pour se compléter, elles auraient plus besoin l'une de l'autre. Mais, emporté par la logique et la vérité, il proteste lui-même contre ce classement arbitraire de l'humanité : « Vous êtes tous frères, mais le Dieu qui vous a formés a fait entrer l'or dans la composition de ceux qui sont propres à gouverner les autres ; aussi sont-ils les plus précieux. Il a mêlé l'argent dans la formation des guerriers, le fer et l'airain dans celle des laboureurs et des artisans. Mais il pourra se faire qu'un citoyen de la race d'or ait un fils de la race d'argent, qu'un autre de la race d'argent engendre un fils de la race d'or, et que la même chose ait lieu à l'égard de la troisième race. »

L'homme, en effet, est un microcosme, un tout complet ; il y a en lui volonté, force et puissance, tête, cœur et bras ; et vouloir ne développer dans tels individus que l'une de ces facultés, c'est préparer la révolte et le désordre.

Quoi qu'il en soit, le travail agricole était le lot de la dernière classe de citoyens, et de celle-là Platon daigne à peine s'occuper. Il ne s'explique guère nettement sur la question de l'appropriation du sol. Toutefois, comme il impose à la classe inférieure le devoir de fournir la nourriture aux guerriers et aux sages, il semble résulter de là qu'il refuse aux deux classes supérieures le droit de posséder, et qu'il abandonne à la classe inférieure la possession du sol.

Ce philosophe ne s'est pas préoccupé principalement du côté économique de la question. Il ne comprit nullement la dignité du travail, condamna à l'avilissement ceux qui accomplissaient la fonction laborieuse, et, considérant l'esclavage comme une institution sociale légitime et indispensable, il réserva aux esclaves les travaux les plus rudes et les plus utiles : « La nature, dit-il, n'a fait ni cordonniers ni forgerons ; de pareilles occupations dégradent les gens qui les exercent, vils mercenaires, misérables sans nom, qui sont exclus par leur état même des droits politiques. »

L'idée de caste est exclusive de celle de l'égalité radicale et absolue. Aussi, bien que Platon attribue à chaque citoyen une part et un droit égaux sur le sol, il était loisible à chacun d'augmenter jusqu'au quadruple de la valeur de cette portion sa richesse mobilière personnelle. Cette limitation rigoureuse paraît superflue, et l'on ne devait guère être exposé à la dépasser dans une république au sein de laquelle on ne pouvait se livrer aux professions industrielles et commerciales, posséder ni or ni argent, ni prêter à intérêt.

Il est reçu que Platon décréta la communauté des femmes. C'est trop dire cependant : le philosophe grec proteste contre le préjugé qui condamne toutes les femmes aux emplois obscurs et domestiques, et leur assigne un noble rôle dans la république nouvelle. Pourrait-il songer à dégrader, à livrer à qui la veut la créature dont il comprend si bien l'excellence et la dignité ? L'union des époux, au contraire, se faisait solennellement et au milieu des fêtes. « En même temps, les prêtres et les prêtresses répandront le sang des victimes sur l'autel ; les airs retentiront du chant des épithalames, et le peuple, témoin et garant des nœuds formés par le sort, demandera au ciel des enfants encore plus vertueux que leurs pères. » BARTHÉLEMY, *Voyage d'Anacharsis.*

A la vérité, cet hymen n'était pas perpétuel, bien au contraire ; les époux se séparaient « après avoir satisfait au vœu de la patrie, » et pouvaient appartenir à d'autres; mais ce mariage solennel et ce divorce ôtent à ces coutumes, si faciles qu'on veuille les trouver, toute idée de promiscuité. La famille, du reste, n'existait pas; et pour les enfants, il est rigoureusement vrai de dire qu'ils étaient en commun.

Nous ne voyons pas que le monde de Platon puisse en rien nous servir comme type et modèle dans l'avenir.

Postérieurement à Platon, Aristote, dans sa Politique, s'occupa de ces questions à un point de vue plus pratique. Mais, comme Platon, il abandonna aux esclaves le soin de la terre; et bien qu'il observe que les meilleures républiques furent celles au sein desquelles l'agriculture fut pratiquée par les citoyens, il refuse aux agriculteurs toute dignité et tous droits.

Il faisait deux parts de la propriété du territoire : l'une qui restait propriété nationale, l'autre qui formait la propriété individuelle. La première défrayait les repas communs, obligatoires pour tous, et les frais du culte des dieux. Cette restriction apportée à l'individualisme était faite plutôt au point de vue du communisme qu'à celui de l'association, dont l'existence est à peine indiquée par lui dans le chapitre premier de son livre :

« Cette double réunion de l'homme et de la femme, du maître et de l'esclave, constitue d'abord la famille : de là cette pensée vraie d'Hésiode :

> Les premiers commensaux des rustiques maisons,
> Sont la femme, et le bœuf pour tracer des sillons.

» Le poëte compte le bœuf comme partie de la famille, parce qu'il est l'esclave du pauvre.

» Voilà une première maison établie par la nature : Là,

dit Charondas, tous mangent le même pain; tous, dit Epiménide de Crète, se chauffent au même foyer : cette société est celle de tous les jours.

» Bientôt il se forme une agrégation de maisons, ayant besoin de services réciproques, mais non de secours de tous les moments... »

C'est à ce passage d'Aristote que fait allusion Julien Brodeau dans son Commentaire sur la coutume de Chaumont en Bassigny, au sujet des communautés d'habitants :

« Ils sont, dit-il, appelés par les Grecs ὁμῶσετοι, ὁμῶσιπνοι, ὁμῶκαπνοι, c'est-à-dire vivant ensemble d'un même pain, d'une même huche et d'un même foyer. *Compenuarii quasi vescentur, ex eadem penu*, ou *compagani*, d'où vient le mot français *compagnon*, ce que j'ai traité plus longuement sur M. Louet, Litt. R., num. 17. »

Disons, pour en finir avec la Grèce, que Pythagore et ses disciples avaient préconisé et pratiquaient la vie et le travail en commun. Ce genre d'existence s'appelait κοινόβιον, d'où est venu le nom de cénobites. Ἑταιρεία ou κοινωνία, association ou communauté, ces noms sont donnés indifféremment par quelques auteurs à l'institut pythagoricien. Aristote, Hérodote, Aulu-Gelle, Justin, Jamblique, Diogène Laërce en font mention; et, suivant Diodore, la société était répandue au delà de l'Italie méridionale, dans la Sicile, la Grèce proprement dite, les îles grecques, et jusqu'à Tyr et Carthage. Les doctrines de Pythagore sur le mariage et la famille sont d'une admirable pureté. Ses disciples furent cependant persécutés : soixante périrent, lui-même fut tué, le reste se dispersa, et l'association naissante s'évanouit à peine organisée.

—◈—

Le génie de Rome diffère essentiellement de celui de la Grèce. A Rome, avant même la famille et la propriété, il y avait l'Etat. Si l'unité politique était fortement et énergiquement constituée, l'individualisme fut l'essence même de l'organisation sociale. Là, plus de communauté, même entre époux, bien peu d'association. Ainsi, dans les temps même qui lui furent le plus favorables, tandis qu'il suffisait chez nous, pour l'établir, de la cohabitation d'un an et jour, à Rome il fallait dix ans.

L'*ager* romain devint sacré, et sa limite, la borne, le terme, était un dieu, dieu immobile et fixé dans le sol, qui avait deux visages, mais qui n'avait pas de pieds, et qu'il fallait de magiques et terribles conjurations pour remuer de sa place.

Afin de rendre la limite plus inviolable encore, on y plaçait parfois les tombeaux; toutefois à côté de l'*ager privatus*, il y avait l'*ager publicus*, appartenant à l'État, qui, en l'affermant, arrivait à ce double résultat : de se créer des revenus et de fournir l'existence et le travail aux familles exclues de la propriété particulière. L'État affermait pour cinq ans, à l'expiration desquels une adjudication permettait à de nouveaux travailleurs de venir revendiquer l'exercice de leur droit au travail.

On compte plus de vingt lois agraires, mais on s'abuse sur leur sens. Le plus souvent elles avaient pour motif de porter remède aux abus qui s'introduisaient dans la gestion de l'*ager publicus*.

Quoi qu'il en soit, rien de tout cela ne ressemble à de l'association. La communauté entre époux était inconnue, contraire même au droit romain. Chaque citoyen était seigneur et maître de sa terre et de son esclave, seigneur et maître de sa femme et de son enfant. Vainement Numa voulut, comme Lycurgue, chasser la jalousie du ménage. Le mari romain prêtait sa femme, mais restait maître d'elle et de l'enfant qui naissait d'elle. Le père pouvait vendre son fils, mais si fort était son droit de propriété sur ce fils, qu'il fallait trois ventes successives pour épuiser ce droit.

Les luttes du Forum ne furent jamais inspirées par le désir d'anéantir le droit de propriété; c'étaient au contraire des protestations des plébéiens qui voulaient parvenir à partager l'exercice de ce droit. La seule propriété qui fût violemment attaquée fut celle de l'homme sur l'homme. Les grands propriétaires avaient peu à peu chassé le peuple romain, les agriculteurs libres, pour les remplacer par des esclaves. Ceux-ci revendiquèrent souvent les armes à la main leur liberté, et les historiens romains eux-mêmes ont applaudi à l'héroïque courage de Spartacus. Mais la puissance et la fortune de Rome l'emportèrent sur ces vaines tentatives.

La famille était constituée d'une façon toute spéciale. La loi faisait de l'hymen une chaîne facile à porter, et l'on sait que Caton, l'un des types de la vertu antique, céda à Q. Hortensius, à défaut de sa fille Porcia, déjà mariée à Bibulus, sa femme Marcia, du consentement de son beau-père Philippus. Il la reprit après la mort d'Hortensius, afin que Marcia pût écrire sur sa pierre funéraire qu'elle avait été la femme de Caton :

> ..... liceat tumulo scripsisse : Catonis
> Marcia. Lucain.

Il y avait en quelque sorte deux manières d'être époux et deux manières d'être père. Il y avait les *justes noces* et le *concubinat;* il y avait la paternité naturelle et la paternité adoptive. Je serais peut-être moins sévère pour ces institutions que je ne l'ai été sur celles de Minos, de Lycurgue et de Platon, et en présence des vices qu'il faut bien reconnaître dans l'existence actuelle de la famille, non pas telle que la fait la double utopie du Code et de l'Evangile, mais telle que la font nos mœurs et nos coutumes, quand si souvent le mariage est un trafic et la paternité un mensonge, peut-être faut-il avoir quelque indulgence pour la facilité que le législateur romain avait laissée de resserrer ou de relâcher l'union des époux, et de faire entrer dans sa famille ou d'en faire sortir ses enfants ou ceux des autres.

En résumé, il faut reconnaître que ce fut chez les Romains que les principes sociaux eurent les bases les plus larges. Il y avait deux sortes de propriété, deux sortes de mariage, deux sortes de paternité.

On rencontrait un triple avantage dans cette organisation toute spéciale de la propriété à Rome. Propriétaire lui-même, l'Etat se trouvait indépendant de la propriété particulière, à laquelle il ne demandait rien ; il puisait dans sa richesse son indépendance et sa force, et surtout il pouvait parer aux plus grandes éventualités de la misère, et distributeur d'une grande somme de travail, tarir en partie la source la plus féconde des agitations populaires et des révolutions.

L'œuvre capitale du génie romain, ce fut la réhabilitation du travail agricole. Les Grecs l'avaient flétri, l'avaient infligé comme une peine aux esclaves, ou repoussaient des emplois, comme indignes, les citoyens qui s'y livraient. Les Romains en firent la fonction sainte et privilégiée, le travail par excellence, *labor, laborare*, labourer, travailler ; et pendant toute la glorieuse durée de la république, les premiers d'entre eux s'honorèrent d'être laboureurs. Dans les derniers temps même, Cicéron écrivait à son fils : *Omnium rerum ex quibus aliquid exquiritur, nihil est agriculturâ melius, nihil uberius, nihil homini libero dignius.* Et quand les Romains dédaignèrent la charrue et la reléguèrent aux mains des esclaves, l'heure de la décadence sonna pour eux, la barbarie étendit peu à peu son voile épais sur le monde, et l'agriculture sommeilla oubliée jusqu'aux jours où les disciples de Jésus-Christ vinrent la donner pour base à une société nouvelle.

Si pour nous, chrétiens, le fil de la tradition païenne se brise et ne peut se renouer, il n'en est pas de même lorsqu'il s'agit du peuple juif. Les lois de Moïse furent dictées par Dieu même, et le Dieu des Juifs est aussi le Dieu des chrétiens.

Jésus-Christ était sévère pour les riches, il exaltait le bonheur des pauvres, il conseillait à tous d'abandonner leurs biens pour le suivre. Le Dieu de Moïse va plus loin encore, il défend à son peuple de s'approprier le sol, de s'en regarder comme propriétaire. Il se réserve positivement la propriété, et n'accorde que l'usufruit aux Juifs. Les textes sont clairs et précis, on peut s'en convaincre en lisant le chapitre XXV du *Lévitique*.

« 23. La terre ne sera point vendue absolument, car la terre est mienne, et vous êtes étrangers et forains chez moi. »

Tous les 50 ans en effet on proclamait le jubilé, toutes les ventes, cessions, appropriations étaient annulées : chacun rentrait dans ses propriétés et dans sa liberté.

« 15. Tu achèteras de ton prochain selon le nombre des ans après le jubilé ; pareillement on te fera les ventes selon le nombre des ans de rapport.

» 16. Selon qu'il y aura plus d'années, tu accroîtras le prix de ce que tu achètes ; et selon qu'il y aura moins d'années, tu le diminueras : car on te vend le nombre des cueillettes. »

Mais s'il y a là un argument d'une toute-puissante autorité contre l'appropriation individuelle, il me semble que l'on ne peut rien en conclure contre le principe de l'association, bien au contraire.

« 35. Quand ton frère sera appauvri et qu'il tendra ses mains tremblantes vers toi, tu le soutiendras, même l'étranger et le forain, *afin qu'il vive avec toi.*

» 36. Tu ne prendras point usure de ton frère, ni surcroît, ainsi tu auras peur de ton Dieu : *et ton frère vivra avec toi.* »

7.

L'association est donc nettement ordonnée par Dieu; mais comme il laisse à l'homme sa liberté d'action, il se contente de poser des limites qui l'y ramèneront sans cesse, et sans l'entraver, ne lui permettent pas de s'individualiser complétement.

Après six années de culture, le sol était abandonné à lui-même, il y avait *sabbat de repos à la terre*, le propriétaire ne pouvait rien garder en réserve de ce qui naissait sur son terrain, et ce produit naturel était partagé entre lui, son esclave, son mercenaire, et même l'étranger qui demeurait avec lui. L'*Exode* reproduit les mêmes dispositions, et en explique le motif philanthropique. « Afin que ceux qui sont pauvres parmi votre peuple trouvent de quoi manger dans ce que la terre produit d'elle-même. » On voit donc que Dieu ne veut pas que l'homme puisse s'approprier exclusivement la terre et ses produits, et qu'il s'oppose à ce que le pauvre puisse être déshérité jamais de son droit à une partie de ses fruits.

Tout, dans la Bible, condamne l'individualisme, tout y proclame la fraternité. Non-seulement Dieu refuse à l'homme la propriété du sol, mais encore il réserve, dans les fruits de la possession, la part de la veuve et de l'orphelin, du lévite et de l'étranger. Il défend de moissonner tout le champ, de revenir dans la vigne et le champ d'oliviers pour ramasser les dernières grappes et les olives oubliées. (*Lévitique*, chap. XIX, v. 9, 10.)

L'esclave ne peut être asservi que durant six années; et en lui rendant la liberté, on lui donne quelques pièces de bétail, quelques mesures de blé, ou quelque amphore pleine de vin. (*Deutéronome*, chap. XV, v. 12, 13, 14.)

On célèbre des festins de réjouissance pour remercier le Seigneur des biens qu'il accorde, véritables agapes auxquelles prennent part le fils et la fille, le serviteur et la servante, le lévite et l'étranger, la veuve et l'orphelin. (*Id.*, chap. XVI, v. 8, 11.)

On paye la dîme de tous les fruits, au lévite et à l'étranger, à la veuve et à l'orphelin, « afin qu'ils mangent et
soient rassasiés aux lieux où tu seras. » (*Id.*, chap. XXVI,
v. 11, 12.)

« Et il n'y aura parmi vous ni indigent, ni pauvre, afin
que le Seigneur votre Dieu vous bénisse dans la terre qu'il
doit vous donner pour la posséder. » (*Id.*, chap. XV, v. 4.)

Dieu du reste avait toujours fait vivre son peuple sous
le régime de l'association, imparfaite sans doute, comme la
société imparfaite du patriarcat. Ces nombreuses familles,
ces tribus, qu'était-ce en effet, sinon des associations hié-
rarchisées et qu'entretenait l'esprit du Très-Haut ?

L'organisation de ces familles, on doit le reconnaître, est
bien loin de répondre aux exigences de la moralité moderne. Jacob, le patriarche chéri entre tous, épousa les deux
sœurs, Lia et Rachel, qui, dans leur lutte de fécondité,
poussèrent aux bras de leur époux leurs servantes... Il faut
s'incliner en silence, et tout au plus reconnaître en hési-
tant que peut-être rien n'est éternel et absolu parmi les lois
des hommes, et que les règles qui régissent une phase de
la vie de l'humanité ne seront plus celles d'une société
différente. Ceci est le secret de Dieu, et notre rôle est d'attendre et d'obéir.

La secte des Esséniens fut célèbre et florissante parmi
les Juifs. Il étaient de deux sortes. Il y avait les *Practici,*
qui vivaient réunis et groupés en communauté, et les
Théorici ou *Thérapeutes*, qui vivaient dans la solitude. On
retrouve donc chez eux le double type de la vie cénobitique
et de la vie érémitique. Ils fuyaient les villes et habitaient
les campagnes, méprisaient les richesses, le commerce et
la navigation, pour ne se livrer qu'aux travaux du labou-
rage. Aimer Dieu, aimer les hommes, aimer la vertu, tout
leur dogme était dans ces mots. Voici quelques lignes que
j'emprunte à l'historien Josèphe : « Les Esséniens sont unis
par les liens d'une affection mutuelle; ce sont les meilleurs

et les plus moraux des hommes; leur principale occupation est l'agriculture; leur égalité est admirable. Tous les biens sont communs entre eux, et celui qui est riche ne jouit pas plus de ses richesses que celui qui n'a rien apporté. Ceux qui pratiquent ce genre de vie ne sont guère plus de 4,000. Ils n'épousent pas de femmes, et ils n'ont point d'esclaves. Mais ils adoptent des enfants, remplissant les uns vis-à-vis des autres l'office de serviteurs. Ils choisissent, pour gérer leurs revenus, les meilleurs d'entre eux, et confient aux prêtres la préparation de leurs aliments. »

Pline les appelle *une nation éternelle où il ne naît personne.*

« Il est très-probable, dit Voltaire dans son *Dictionnaire philosophique,* qu'il y eut des Thérapeutes grecs, égyptiens et juifs. Philon, après avoir loué Anaxagore, Démocrite et les autres philosophes qui embrassèrent ce genre de vie, s'exprime ainsi : On trouve de pareilles sociétés en plusieurs pays, la Grèce et plusieurs contrées jouissent de cette consolation; elle est très-commune en Egypte dans chaque nome, et surtout dans celui d'Alexandrie. »

Les derniers Esséniens, qui seuls parmi les peuples de l'antiquité proscrivirent l'esclavage, donnent la main aux premiers chrétiens. C'est l'anneau commun qui joint à l'ancien monde, le nouveau monde relevé par Jésus-Christ. Arrivés ici à notre point de départ, nous avons passé en revue ce que l'histoire des âges écoulés offre à notre étude à ce point de vue particulier de la synergie humaine appliquée au travail agricole, et nous avons en même temps constaté les modifications qu'a subies la famille. Au sein de la communauté, réalisée par Minos et Lycurgue, la famille, à proprement dire, n'existe pas, la femme même n'existe pas comme personne civile, c'est une esclave, une chose qui

s'appartient à peine et appartient presque à tous. Là règne
à peu près au hasard la polygamie, la polyandrie et toutes
ces monstrueuses aberrations des sens que le cœur a cessé
de diriger.

Chez les Juifs, ce n'est pas la communauté et la confu-
sion. La grande famille patriarcale, la tribu, ne réalise
pas la communauté, mais l'association. Chacun a son bien,
et vit à l'ombre de sa vigne et de son figuier. On est réuni,
mais on peut se séparer ; on aliène pour un temps son
héritage. Les idées s'épurent sur la morale. Si nous rencontrons encore de hideuses amours, du moins le législateur ne les sanctionne pas, et Dieu les poursuit de sa nuée
de bitume et de soufre. La femme n'est encore qu'une servante, mais elle n'est plus une esclave. Le patriarche en a
plus d'une, mais ce sont ses épouses ; mais il connaît ses
enfants, les aime et les bénit avant d'aller rejoindre ses
pères dans le sein de Dieu.

Les communautés chrétiennes sont unisexuelles. Mais
depuis la venue de Jésus-Christ, nous voyons partout,
dans les associations agricoles du moyen âge, en Auvergne
comme dans le Nivernais, chez les Moraves, chez les Quakers, dans les Réductions du Paraguay, partout, partout
et toujours, et sans exception, la famille respectée, la
femme honorée et pure, les enfants entourés de soins et
d'attentions ; nous voyons cela, tandis que chez ceux qui
vivent en dehors de ces associations nous voyons les excès
contraires régner sans contre-poids.

Que conclure de ces données historiques ? Que la communauté détruit nécessairement et fatalement la famille ?
J'hésiterais à prononcer un pareil arrêt. La famille est un
fait éternel et divin, qui vient de Dieu même, que l'homme
n'a point promulgué, et qu'il ne lui est point donné de
supprimer ; et je me révolte à l'idée qu'on n'en fasse plus
qu'une sorte de conséquence et de corollaire de la propriété, de telle sorte que, parce qu'on cesse d'hériter de

son père son titre, sa charge ou son capital, son duché, son régiment ou son patrimoine, on cesse pour autant d'être le fils de son père. Du reste, cela n'a rien qui nous touche, et je ne défends point la communauté, que je crois incomplète, impossible, contre nature, utopique et irréalisable au suprême degré. Mais, dans tous les cas, je ne vois pas que l'histoire fournisse contre la coexistence de la famille et de l'association l'ombre d'un argument. Elle nous fournit très-positivement tout le contraire, et je renvoie aux réflexions pleines de sens de Faignet, que j'ai reproduites précédemment.

CHAPITRE VI.

SOCIALISTES DU DIX-NEUVIÈME SIÈCLE.

Saint-Simon , Robert Owen , Charles Fourier , Buchez, Auguste Comte ,
Pierre Leroux , Louis Blanc, Cabet , Proudhon , Vidal , Villegardelle ,
Louis-Napoléon Bonaparte. Colonies en Algérie. Droit allemand ;
la Marche. Colonies des Pays-Bas et de la Belgique.
Fruitières. Les troupeaux transhumants ,
Mettray , etc.

> Les temps sont passés où l'on s'en tenait, en fait
> d'idées, au patrimoine de ses pères.
>
> Madame DE STAEL.

Arrivé à cette partie de ma tâche, j'éprouve un embarras facile à comprendre. M. Louis Reybaud a écrit un volume sur Saint-Simon, Fourier et Owen. L'auteur est du très-petit nombre de ceux qui ont critiqué ces puissants agitateurs d'idées après avoir lu leurs livres, et son ouvrage a été couronné par l'Académie française.

Il me faut faire en quelques pages ce que l'auteur de l'*Etude sur les réformateurs modernes* a fait en un volume. Et j'aurai à parler de bien d'autres socialistes encore ! Je sens combien je dois rester incomplet et insuffisant, mais le temps et l'espace manquent pour traiter dans un mémoire une question immense et qui touche à tant de points.

Dans ce même dix-huitième siècle, qui vit paraître tant et de si éloquentes protestations contre l'appropriation individuelle du sol, et en faveur de la fraternité et de l'association, naquirent, à quelques années de distance, de 1760 à 1772, trois hommes dont la pensée devait remuer la société des fondements au faîte, et qu'il est trop tôt pour juger sans appel à cette heure.

Ces trois hommes s'appelaient Henri de Saint-Simon, Robert Owen et Charles Fourier.

SAINT-SIMON.

Les Saint-Simoniens ont fait bien du bruit dans le monde. Ils ont occupé la scène pendant un moment, et l'on se rappelle encore ces brillantes prédications, ces brochures incisives, dans les pages desquelles les questions les plus palpitantes étaient discutées avec talent et avec audace.

Toute la jeunesse inquiète, intelligente, tous ceux qui comprenaient l'inanité de ce libéralisme égoïste et creux qui ne sut que mettre si peu d'idées au service de tant d'ambitions mesquines et personnelles, et amener de stériles révolutions, tous vinrent à eux. C'étaient, autour de Bazard, Enfantin et O. Rodrigues, — Buchez, Armand Carrel, Auguste Comte, Carnot, Michel Chevallier, Barrault, Dugied, Laurent (de l'Ardèche), J. Le Chevallier, Ch. Duveyrier, Talabot, d'Eichtal, Pierre Leroux, Fournel, Jean Reynaud, Emile Perrire, et tant d'autres. La politique avait fait un moment de presque tous des conspirateurs; le socialisme allait faire de la plupart des réformateurs pacifiques. Certes, le passage de tant d'hommes éminents ne pouvait pas être et ne fut pas stérile. Cependant, les Saint-Simoniens n'ont, pratiquement, rien fondé, rien expérimenté. Préoccupés avant tout du dogme, ils ne se sont pas assez inquiétés de l'organisation matérielle de la société moderne, de la transition qui pourrait y conduire. Ils se dispersèrent dans l'attente du couple-prêtre, de ce messie androgyne, qui devait révéler la loi nouvelle. La femme ne se présenta pas.

L'œuvre de Saint-Simon, à force de se développer, changea bien en passant par les mains de ses disciples. Je crois devoir me contenter d'analyser les faits principaux de l'organisme social complété par ces derniers.

Le monde était pour eux un édifice avec un seul homme au sommet, le Père, dans lequel se confondaient le pape et l'empereur, ces deux maîtres du moyen âge.

C'était une théocratie absolue, au-dessous de laquelle l'humanité se divisait en trois grandes classes : les savants, les artistes, les industriels. Ces classes avaient leurs chefs, auxquels leur capacité seule assignait le premier rang, et grâce à eux se faisait la répartition d'après la formule adoptée : « A chacun selon sa capacité, à chaque capacité selon ses œuvres. » Il devait en jaillir l'amélioration du sort moral, physique et intellectuel de la classe la plus nombreuse et la plus pauvre.

Ce n'était certes pas là de l'égalité; c'était, au contraire, de l'inégalité poussée jusqu'aux limites de l'injustice. On réhabilitait le corps, et cependant on accordait tout à la capacité intellectuelle. On ne se préoccupait que de l'amélioration du sort des classes pauvres, et, en même temps, on dépeignait les misères morales des classes privilégiées, et on semblait dédaigner de les guérir et de rien faire pour elles.

Les Saint-Simoniens ne reconnaissaient aucun privilége de naissance, et condamnaient l'héritage. Comme si l'aristocratie de l'intelligence qu'ils admettaient n'était pas un privilége qui, pour ne venir que de la nature, n'en reste pas moins un privilége. De plus, dès que l'on reconnaît le droit de propriété, comment empêcher l'exercice de ce droit, le pouvoir de disposer, de son vivant ou après sa mort, de l'objet légitimement approprié?

A la date du 1er octobre 1830, en réponse à des accusations parties de la Chambre des députés, Bazard et Enfantin publièrent une brochure dans laquelle se trouvent les idées les plus nettes qu'ils aient émises sur les deux points qui nous occupent; j'en extrais le passage suivant :

« Oui, sans doute, les Saint-Simoniens professent sur l'avenir de la propriété et sur l'avenir des femmes des idées qui leur sont particulières, et qui se rattachent à des vues toutes particulières aussi et toutes nouvelles, sur la religion, sur le pouvoir, sur la liberté, et enfin sur tous les grands problèmes qui s'agitent aujourd'hui dans toute l'Europe d'une manière si désordonnée et si violente; mais il s'en faut de beaucoup que ces idées soient celles qu'on leur attribue.

» Le système de la communauté de biens s'entend universellement du partage égal entre tous les membres de la société, soit du fonds lui-même de la production, soit du fruit du travail de tous.

» Les Saint-Simoniens repoussent ce partage égal de la propriété, qui constituerait à leurs yeux une violence plus grande, une injustice plus révoltante que le partage inégal qui s'est effectué primitivement par la force des armes, par la conquête.

» Car ils croient à l'inégalité naturelle des hommes, et regardent cette inégalité comme la base même de l'association, comme la condition indispensable de l'ordre social.

» Ils repoussent le système de la communauté de biens, car cette communauté serait une violation manifeste de la première de toutes les lois morales qu'ils ont reçu mission d'enseigner, et qui veut qu'à l'avenir chacun soit placé selon sa capacité et rétribué selon ses œuvres.

» Mais, en vertu de cette loi, ils demandent l'abolition de tous les priviléges de naissance, sans exception, et, par conséquent, la destruction de l'héritage, le plus grand de ces priviléges, celui qui les comprend tous aujourd'hui, et dont l'effet est de laisser au hasard la répartition des priviléges sociaux parmi le petit nombre de ceux qui veulent y prétendre, et de condamner la classe la plus nombreuse à la dépravation, à l'ignorance, à la misère.

» Ils demandent que tous les instruments de travail, les terres et les capitaux qui forment aujourd'hui le fonds morcelé des propriétés particulières, soient exploités par association et hiérarchiquement de manière que la tâche de chacun soit l'expression de sa capacité, et sa richesse la mesure de ses œuvres.

» Les Saint-Simoniens ne viennent porter atteinte à la propriété qu'en tant qu'elle consacre pour quelques-uns le privilége impie de l'oisiveté, c'est-à-dire de vivre aux dépens d'autrui ; qu'en tant qu'elle abandonne au hasard de la naissance le classement social des individus.

» Le christianisme a tiré les femmes de la servitude ; mais il les a condamnées pourtant à la subalternité, et partout, dans l'Europe chrétienne, nous les voyons encore frappées d'interdiction religieuse, politique et civile.

» Les Saint-Simoniens viennent annoncer leur affranchissement définitif, leur complète émancipation, mais sans prétendre, pour cela, abolir la sainte loi du mariage, proclamée par le Christianisme ; ils viennent au contraire pour accomplir cette loi, pour lui donner une nouvelle sanction, pour ajouter à la puissance et à l'inviolabilité de l'union qu'elle consacre.

» Ils demandent, comme les Chrétiens, qu'un seul homme soit uni à une seule femme, mais ils enseignent que l'épouse doit devenir l'égale de l'époux, et que, selon la grâce particulière que Dieu a dévolue à son sexe, elle doit lui être associée dans la triple fonction du temple, de l'état et de la famille, de manière que l'individu social, qui, jusqu'à ce jour, a été l'homme seulement, soit désormais l'homme et la femme.

» La religion saint-simonienne ne vient que pour mettre fin à ce trafic honteux, à cette prostitution légale, qui, sous le nom de mariage, consacre fréquemment aujourd'hui l'union monstrueuse du dévouement et de l'égoïsme, des lumières et de l'ignorance, de la jeunesse et de la décrépitude.... »

Enfantin ne s'en tint pas à ce programme, et ses idées sur la famille sont le point le plus vulnérable de la doctrine. Un schisme terrible ne tarda pas à éclater ; la division se mit entre les pères de la religion nouvelle. L'idée première fut de relever la femme, reléguée trop bas, selon eux, et de faire d'elle enfin la compagne et l'égale de l'homme. C'est qu'en effet c'est une question bien épineuse que celle du rôle de la femme dans la société ! Aujourd'hui, par exemple, le pâtre grossier de la Sologne, qui ne sait ni lire ni même parler, jouit de la plénitude de ses droits, tandis qu'une femme, s'appelât-elle Roland, Staël ou Sand, ne peut, parce qu'elle est femme, avoir la connaissance nécessaire pour jeter un bulletin dans l'urne. J'en sais une, veuve et la plus imposée du village, qui ne peut voter pour l'élection d'un conseil municipal de paysans, qui savent à peine signer leur nom. Son domestique est l'adjoint de la commune. Tout cela offre trop de prise à la critique, et, là aussi, *il y a quelque chose à faire.* Mais les Saint-Simoniens n'ont-ils pas manqué le but pour l'avoir dépassé ? Les étranges théories d'Enfantin trouvèrent peu d'écho parmi les adeptes, et ce fut le dernier coup porté à ces doctrines tout au moins hasardées.

Les Saint-Simoniens n'ont rien réalisé. Leur retraite à Ménilmontant ne fut point un essai de réalisation. Vivant au sein d'une société qui a flétri le travail en en faisant le châtiment du forçat au bagne, et qui a exalté la paresse et l'oisiveté en en faisant le lot et l'apanage de l'*homme comme il faut,* ils voulurent donner cet exemple du travail réhabilité dans ses fonctions les plus serviles. C'était une idée qui ne manquait pas de grandeur ni surtout d'à-propos. Ils se livrèrent aux travaux domestiques et du jardinage.

Donc, malgré son importance, le Saint-Simonisme a peu de chose à nous apprendre, peu de matériaux à nous fournir. Non-seulement il n'a rien réalisé, mais encore il s'est peu préoccupé de la partie réalisable et applicable. Il repousse l'accusation de communisme, et, dans le manifeste de Bazard et Enfantin, il demande *que la terre et les ca-*

pitaux soient exploités par association et hiérarchiquement. Il n'a pas accordé cependant à l'agriculture toute l'importance pivotale qu'elle mérite, et nous ne pouvons accepter les théories nouvelles sur la liberté de la femme et les conséquences de cette liberté ; l'opposition que soulevèrent ces théories prouve même que tous ces esprits avancés, qui comprenaient la puissance et la nécessité de l'association dans le travail humain, refusèrent énergiquement d'admettre que, comme conséquence, il fallût, dès à présent, renverser les bases sur lesquelles reposait la famille.

ROBERT OWEN.

M. Robert Owen fut le plus heureux des réformateurs modernes. Ainsi, tandis que ses deux glorieux rivaux, Saint-Simon et Fourier, pauvres, méconnus, raillés, ont vidé jusqu'à la lie la coupe d'amertume que chaque siècle brise aux dents de tous ces génies impatients qui le devancent, et sont morts, comme Moïse, sans mettre le pied sur la terre promise vers laquelle ils croyaient guider l'humanité, Robert Owen a pu fonder de nombreuses colonies dans les deux mondes, trouver la fortune au sein du succès, et voir, comme Thomas Morus, les rois eux-mêmes applaudir à ses généreux essais et à ses théories régénératrices.

Et cependant Robert Owen est communiste, et athée, ou peu s'en faut !

La colonie coopérative d'Owen est, avant tout, industrielle, et, à ce titre, elle mérite moins de nous intéresser. New-Lanarck ne se distinguait en rien de tout autre village manufacturier ; la misère et la débauche y régnaient comme dans tous les centres industriels. Je laisse parler M. L. Reybaud :

« Dès le jour de son installation, New-Lanarck devint une famille de deux mille âmes, ramenée presque au droit

naturel et gouvernée par un patriarche. Quatre ans suffi-
rent pour faire d'une société déréglée et misérable une société heureuse et exemplaire. Tous les vices dont elle était
infectée furent étudiés un à un, traités en détail et attenti-
vement, guéris sans châtiment, réprimés sans violence.
Ainsi, pour combattre le vol et le recel, on ne se prit point
à punir les voleurs et les recéleurs, mais on leur apprit,
ce qui vaut mieux, à rougir d'eux-mêmes; on les prêcha
par la parole et par l'exemple; on les fit entourer d'ouvriers vertueux, dont la surveillance les contenait, et dont
la conduite était pour eux un perpétuel reproche. En fait
d'expiation, la peine infligée par un supérieur n'est rien
pour le coupable; ce qui lui est intolérable, c'est le mépris de ses égaux. Tout le code répressif de New-Lanarck
était renfermé dans cette pensée. Quelques contre-maîtres,
hommes sages et probes, formés sous les yeux et par les
soins de M. Owen, lui servirent d'instruments; ils composèrent dans la colonie une hiérarchie imperceptible qui,
s'inspirant du chef, pénétrait ensuite jusque dans les moindres ménages d'ouvriers pour y féconder les germes d'ordre, de bonté et de vertu. La police de New-Lanarck se
faisait ainsi de travailleur à travailleur, sans dureté, sans
bassesse, sans espionnage, et la moralité était devenue la
règle. Le vice dut périr peu à peu dans l'abandon et l'isolement. Le coupable, au milieu de cette société normale,
devenait, on le devine, une sorte de paria, un être dé-
classé, qui, ne sachant où rattacher ses mauvais desseins,
était conduit nécessairement de l'impuissance au repentir.

» Aucun instinct dépravé ne se déroba à ce traitement
doux et rationnel. La manie des disputes céda comme
avait cédé le vol; les dissensions religieuses, les liaisons
irrégulières entre les deux sexes s'effacèrent aussi peu à
peu et quittèrent New-Lanarck. L'ivrognerie seule résista
plus longtemps, les cabaretiers combattant pour elle au
moins autant que les buveurs. Toute mesure de rigueur et

d'autorité répugnant à M. Owen, il prit le parti d'entrer en lice avec les débitants de spiritueux. Il ouvrit pour son compte un magasin de détail où le weskey se vendait à trente pour cent au-dessous du cours, et il demeura de la sorte en fort peu de temps maître du monopole de la consommation. Dès lors l'ivrognerie fut surveillée, mise à l'index de la population sobre, et quand le mépris vint la frapper, à son tour elle périt. Ainsi, sans moyens coercitifs, sans prison, sans juges, sans constables, M. Owen avait comme par magie improvisé une société que maintenait dans la ligne du devoir le seul lien d'un contentement et d'une confiance réciproque, le désir de vivre en harmonie avec un milieu juste et moral, enfin les joies pures qui résultent de la seule pratique du bien. »

On doit la justice à tout le monde, même aux socialistes. J'ai reproduit ce passage de l'un de leurs adversaires, afin qu'en présence de faits indéniables, on voie ce que valent ces banales accusations adressées au socialisme d'avoir pour but et pour idéal la sauvagerie, la brutalité, l'esclavage, la destruction de toute société, de toute famille, de toute moralité.

Du reste, si l'essai de New-Lanarck était industriel, M. Owen ne tarda pas à comprendre l'importance de l'agriculture dans toute réforme générale, et, dans un mémoire publié en 1818, après avoir signalé les dangers que présentent les grands centres manufacturiers livrés à de continuelles alternatives d'activité et de chômage, en proie à tous les excès d'une concurrence jalouse et sans frein, il demanda que l'on s'appliquât à disséminer l'industrie dans les campagnes, et que, mariant l'agriculture à l'industrie, on s'occupât de fonder des colonies industrielles-agricoles basées sur son système.

Aussi, lorsqu'il put tenter un nouvel essai en Amérique, cette terre impatiente et toujours avide de nouveautés, il ne manqua pas de faire jouer à l'agriculture le rôle qui lui convient. Mais à New-Harmony les éléments sur lesquels le réformateur agissait étaient encore bien plus profondément gangrenés qu'à New-Lanarck. Lui-même désespéra d'abord du succès. Le résultat fut cependant encore assez significatif pour qu'une soif d'imitation s'emparât des États-Unis; si bien qu'en 1827, trois ans après la première colonie, on comptait dans cette partie de l'Amérique plus de trente sociétés coopératives.

Pendant ce temps une nouvelle colonie se fondait en Écosse, à Orbiston, sous l'impulsion de l'un des principaux adeptes d'Owen, de M. Abraham Combe, qui fit faire un pas à l'idée du maître en consacrant les droits du capital et en tendant ainsi à se rapprocher de l'association.

M. Owen eut le tort immense d'attaquer de front toutes les religions, inutiles ou impuissantes selon lui, puisque pas une seule n'a pu servir de base à une société dans laquelle la vertu fût la règle et le vice l'exception. Il établit le dogme de l'irresponsabilité humaine, l'abolition des récompenses et des peines, et prétendit que, le milieu social étant changé, l'homme se porterait au bien dès qu'il cesserait d'avoir plus d'avantage à se porter au mal. Quant à l'organisation de sa colonie, elle est très-simple. Dans chacune on exerce toutes les industries, agricoles et industrielles, essentielles aux besoins généraux. L'âge détermine la fonction hiérarchique de chacun. Les quinze premières années de la vie sont consacrées à l'éducation. A quinze ans, l'adulte s'enrôle dans la cohorte des travailleurs. De vingt à vingt-cinq surtout on exerce la partie active et créatrice du travail. De vingt-cinq à trente, on distribue et dispense entre les divers membres la fortune sociale. Jusqu'à quarante on préside à la gestion des affaires de la colonie, et ensuite jusqu'à soixante on veille aux relations extérieures, on règle les rapports avec les colonies avoisinantes ou étrangères. Un conseil supérieur donne à cet ensemble l'impulsion et la vie.

L'existence tout entière d'Owen fut un admirable dévouement à ses convictions. Vingt fois il a traversé l'Océan dans un but de propagande ou de réalisation, et il y a un an encore, quand la révolution de février vint agiter dans leurs fondements les vieilles sociétés d'Europe et souffler dans l'âme des peuples tant d'espérances prématurées et éphémères, Owen, presque octogénaire, accourut à Paris, publia des brochures et se mit à la disposition de ceux qui alors avaient le pouvoir, pour fonder des colonies d'après son système. Il est d'ailleurs une institution qui immortalisera le nom d'Owen et le fera bénir au rang des bienfaiteurs de l'humanité, c'est celle de l'*infant school* ou salle d'asile, premier pas vers l'éducation attrayante.

Il n'avait pas attendu cette époque, et déjà, en 1838, il avait commencé par la France sa propagande universelle. Antérieurement même à cette date, le premier et le plus vénérable représentant en France du communisme et des idées d'Owen, M. Rey, conseiller à Grenoble, avait publié dans le *Producteur*, et reproduit ensuite en volume, des lettres sur le *Système de la communauté coopérative*, d'après Robert Owen. M. Rey avait été, comme tant d'autres, jeté par le libéralisme dans la carrière fatale des conspirations et des révolutions. Condamné à mort à la suite de la conspiration militaire du 19 août 1820, il se réfugia en Angleterre et ne se défendit pas de l'enthousiasme qu'excitaient alors les théories d'Owen. Assez heureux pour avoir entre les mains les mémoires inédits de M. Rey, l'un de ces hommes précieux qui se sont dévoués à l'œuvre ingrate de l'amélioration des sociétés, j'en citerai quelques lignes. Il est assez piquant de voir l'auteur soutenir que le communisme ne détruit pas la propriété, mais la confirme et l'assure au contraire.

« Sous l'empire du système actuel de morcellement, d'incohérence et d'antagonisme général, et avec tous les conflits d'intérêt qui en résultent inévitablement, est-il un seul individu qui ait, je ne dirai pas une entière sécurité sur les moyens d'existence de sa postérité, mais sur ses propres moyens d'existence? Vainement aura-t-il reçu de ses pères des capitaux ou des sommes immenses, vainement encore a-t-il épuisé sa vie tout entière à élever le pénible édifice d'une fortune personnelle, il peut se voir plongé tout d'un coup dans la plus affreuse misère par mille circonstances fortuites, une secousse politique ou industrielle, un simple défaut de bonne administration, l'infidélité d'un notaire ou d'un banquier, quelquefois même par l'incident le plus léger en apparence, un vice d'acte ou une manœuvre astucieuse qui le précipitent dans l'abîme des combats judiciaires, où souvent l'équité fléchit devant ces règles sophistiques dont l'application est devenue indispensable pour conserver une sorte d'équilibre dans les relations de ce triste monde. Heureux encore si ce prétendu propriétaire incommutable, naguère si superbe et si dur envers ceux qui souffraient avant lui de cet ordre de choses, heureux s'il ne recueille pas alors complétement le fruit de son égoïsme, s'il ne voit pas chacun s'approcher pour lui jeter la pierre et profiter de ses dépouilles !

» Concluons donc de tant de faits palpables, dont le tableau vient nous effrayer chaque jour, qu'il n'est rien d'aussi fragile que le système qui régit actuellement le droit de propriété. Ce droit ne peut recevoir une véritable consolidation que dans un ordre de choses où personne ne pouvant aliéner ou détériorer le fonds commun, où toutes les causes de division étant taries dans leur source, chacun goûte en paix et en sécurité pour l'avenir les moyens de jouissance que produit pour tous ce même fonds. C'est donc la communauté seule qui peut résoudre le problème de la consolidation de la propriété, si l'on ramène ce dernier mot au sens qui lui assure un rôle qui ne soit plus chimérique. »

L'auteur expose dans un autre endroit les principaux points du système d'Owen :

« 1° Le but de l'association n'est point de ramener les riches ou niveau des pauvres, mais au contraire d'assurer à tous la plus grande somme possible de véritable richesse physique et morale.

» 2° La liberté la plus illimitée doit présider à l'établissement de toute communauté coopérative. Nul ne pourra jamais être forcé d'en faire partie ni d'y rester, et toute personne aura droit, en sortant, non-seulement à la somme ou autre valeur qu'elle y aura apportée, mais encore à sa part proportionnelle dans l'accroissement du capital social.

» 3° Outre cette entière liberté établie d'une manière directe, on n'emploie jamais aucun moyen indirect de persuasion qui soit étranger au simple aperçu des intérêts physiques et moraux de chaque individu.

» 4° On aura la plus grande liberté de manifester sa pensée ou ses sentiments sur toute espèce d'objets, et en matière de culte chacun pourra, non-seulement pratiquer celui qui lui paraîtra le plus convenable, mais encore s'abstenir de tout culte extérieur, si aucun d'eux n'est dans sa conviction ; mais, dans tous les cas, le plus grand respect est recommandé pour toute pratique ou opinion religieuse, quelles qu'elles soient.

» 5° Tous les travaux seront volontaires, mais on prendra des mesures pour rendre aussi attrayantes que possible les occupations de la société ; et l'on s'emparera de toutes les ressources des arts mécaniques pour l'exécution des travaux indispensables, qui seraient dégoûtants ou malsains ou trop pénibles.

» 6° Il y aura communauté de coopération dans la création des produits, soit par le travail des mains, soit par l'application des facultés intellectuelles, chacun selon sa vocation particulière, combinée avec l'intérêt général, mais le tout de gré à gré et par le seul effet de la persuasion.

» 7° Il y aura communauté dans la propriété de toutes les terres, maisons et autres objets attachés au sol à demeure fixe, ainsi que de tous les instruments et matières premières réservées à la production, et de tout autre objet connu sous le nom de capital, dans l'acception la plus étendue de ce mot, c'est-à-dire pour tout ce qui n'est pas destiné à la consommation immédiate.

» 8° Les objets destinés à la consommation immédiate seront pris dans un magasin commun, et ne deviendront la propriété de chaque individu qu'au moment de cette destination. Quant aux objets qui ne se consomment pas entièrement de suite, mais dont l'usage est applicable à chaque individu, tels que les chambres d'habitation, le mobilier qui les garnit, les livres particuliers, etc., l'usage seul deviendra propriété particulière, selon certaines règles qui seront jugées les plus convenables.

» 9° La communauté administrera ses propres affaires, soit par elle-même, soit par des délégués révocables à volonté, et dont les actes seront soumis à l'examen critique le plus illimité. Les droits et les devoirs de chaque membre adulte sont égaux à cet égard, et ceux des femmes sont absolument les mêmes que ceux des hommes. Leur vote aura la même valeur, et elles pourront être élues à tout emploi compatible avec leur sexe.

» 10° Tous les différends qui pourraient s'élever entre les membres de la communauté seront terminés dans son sein par voie d'amiable composition, sans qu'il puisse y avoir jamais d'autre moyen de rigueur que celui du renvoi de la société, moyen auquel on ne recourra même qu'à la dernière extrémité, et seulement dans l'état provisoire des premiers établissements.

» 11° L'éducation des enfants sera commune, à compter de l'âge où les soins de la mère ne sont plus indispensables, mais sans rien enlever à la surveillance ni à l'exercice de la tendresse des parents. L'instruction aura pour base tout le domaine des véritables connaissances humaines, et même celui des beaux-arts, ramenés au principe du plus grand bonheur de l'humanité. Elle comprendra la théorie ainsi que la pratique de toutes les sciences et de tous les arts utiles à l'homme en société. Les orphelins seront considérés comme les enfants de la société, et ils auront tous les mêmes droits que les autres enfants.

» 12° Afin de concilier la possibilité d'une bonne harmonie avec l'emploi et la découverte des procédés qui exigent la réunion d'un nombre un peu considérable d'individus, chaque communauté ne sera ni au-dessus ni au-dessous d'un certain nombre de membres, selon les circonstances particulières de chaque association naissante.

» 13° On rentrera nécessairement dans le système général de la société politique à laquelle on appartiendra, soit pour le débouché de l'excédant de certains produits, soit pour les relations du voisinage, soit enfin pour l'exécution des lois générales auxquelles on restera toujours soumis.

» 14° On prendra des arrangements pour que les membres de la communauté fassent au besoin des visites extérieures, et même des voyages lointains, afin d'entretenir toutes les relations utiles et agréables avec le reste de la société humaine. »

J'ai dit que je ne voyais dans la communauté qu'un système factice et incomplet. Il est permis de croire que les colonies de M. Owen ne vivent que de sa vie, et qu'elles s'éteindront avec lui : l'homme, en effet, vaut mieux que le système. Quant à l'objet qui nous occupe, il n'en reste pas moins évident et démontré que ce socialiste a appliqué le mode coopératif ou associé au travail agricole, qu'il a fondé des colonies, et que, bien loin d'y voir régner la misère, la débauche et la promiscuité sexuelle, ces familles rapprochées sont devenues aussi heureuses et honnêtes qu'elles étaient misérables et dissolues. Et cependant Owen n'avait pas craint de briser le frein du principe religieux.

CHARLES FOURIER.

L'auteur du *Traité de l'Association domestique agricole* ne pouvait, comme Saint-Simon, courir le risque de voir sa doctrine commentée, développée et complétée par ses disciples, car cet étonnant génie n'a rien oublié, rien négligé, rien laissé dans l'ombre, et en toute occasion il se montre aussi minutieusement pratique que son rival est resté vague et incertain. Mais ce n'est pas assez d'avoir exposé aux regards tous les arcanes de la vie *harmonienne*, il a prévu encore les difficultés de la transition, il a décrit non moins complétement tout le système de *garanties* par lequel il faudrait passer pour arriver du morcellement à l'association, de l'antagonisme à l'unité.

Tout, chez lui, pivote sur l'agriculture; et ce qu'il n'a jamais cessé de réclamer, et ses disciples après lui, c'est l'essai libre et volontaire, la fondation d'une commune industrielle agricole, élément alvéolaire de la société nouvelle, basée sur le principe de l'association des trois éléments de production : capital, travail, talent, pour ensuite distribuer la fortune sociale proportionnellement au concours de chacun en capital, travail et talent.

C'est d'une manière absolue, et sans arrière-pensée, dans l'avenir comme dans le présent, que Fourier et son école reconnaissent la légitimité du capital et de la propriété. Acceptant la part que Dieu fit à l'homme au commencement, lorsqu'il donna ses lois aux Juifs, ils regardent l'humanité comme usufruitière seulement du sol, sur lequel, en principe, tous ont un droit égal. Tout produit, toute plus-value créée par un individu lui appartient légitimement et à lui seul, et devient sa propriété. Celui qui applique son travail et son intelligence à féconder un ter-

rain inculte s'approprie le fruit de ce travail. Le sol lui-
même a acquis par la culture une plus-value qui lui appartient. Mais son droit sur cette plus-value, qui vient de son
chef, serait illusoire s'il ne pouvait s'approprier cette portion de la terre. Il acquiert donc ainsi un droit légitime
sur le sol lui-même.

Toutefois, celui qui vient après lui apporte au monde
son droit imprescriptible à sa part de l'usufruit du globe.
Si tout le sol, autour de lui, est approprié, il se trouve
dépossédé. Il faut donc qu'il retrouve le droit qu'a eu celui
que le hasard a fait naître avant lui, d'exercer ses forces
et ses facultés, de travailler pour créer à son tour des produits qui lui appartiennent, et n'appartiennent qu'à lui
seul. Le droit au travail est donc, pour l'école phalanstérienne, l'équivalent et la justification du droit de propriété.
Avec le droit au travail, le droit à la propriété n'a plus
rien d'exorbitant. Sans le droit au travail, la propriété est
un privilége, le droit d'exploiter le salarié. Tout capital
suppose un travail antérieur. Le travail est le père, le
capital est le fils. Comment légitimer le fils, si l'on refuse
de reconnaître le père ?

Dans le monde de Fourier, que l'on a surnommé l'Arioste
des utopistes, rien n'est égalitaire, tout est hiérarchisé.
L'égalité est le but vers lequel on tend sans cesse, mais
sans la réaliser jamais que dans ce qu'elle a de légitime,
et en conservant tout essor à l'action individuelle. L'auteur
propose, pour la distribution de la richesse sociale, les
chiffres suivants qui n'ont rien d'absolu : il la divise en
douze lots, en attribue cinq au travail, quatre au capital,
trois au talent. Le travail est lui-même divisé en trois catégories : il y a les travaux d'urgence, ceux d'utilité et ceux
d'agrément. Contrairement à ce que nous voyons aujour-
d'hui, le chiffre du dividende est en raison directe de la
répugnance naturelle attachée à la fonction. Ainsi, les
travaux les plus pénibles sont les plus rétribués; les tra-

vaux de simple agrément, ou attrayants par eux-mêmes
le sont moins.

Un des points capitaux de la doctrine de Fourier, c'est
sa théorie du travail attrayant. Suivant lui, l'action, l'activité, c'est-à-dire le travail, est la condition même de notre
existence. Or, puisque bien évidemment Dieu a fait du
travail la destinée de l'homme, qui ne peut vivre qu'à la
condition de travailler, il n'a pu, à moins d'inconséquence
ou de cruauté, mettre dans son sein l'amour de la paresse
et l'horreur du travail. Qui veut la fin veut les moyens. Il
a donné l'instinct du travail à tous les animaux qui ont
besoin, pour vivre, de travailler : aux abeilles, aux four-
mis, aux castors, etc. Pouvait-il être moins prévoyant à
l'égard de sa créature privilégiée? Il est indigne de sa
justice, de sa sagesse et de sa bonté d'avoir voulu faire de
notre globe le bagne de l'humanité pour l'y condamner
aux travaux forcés.

Remontant donc aux causes de cette répugnance du
travail, Fourier les énumère avec une merveilleuse saga-
cité, et faisant fonctionner le travailleur dans des conditions complétement différentes, il prétend qu'il préférera
l'action à l'immobilisme, le travail à l'oisiveté. Ainsi, plus
d'ouvrier isolé dans une mansarde froide et nue, dans une
cabane triste et sombre, souvent dans une cave humide et
malsaine. Plus de ces travaux abrutissants par leur mono-
tonie, et qui atrophient l'intelligence aussi bien que le
corps, en ne mettant en œuvre qu'une portion, un membre
de l'individu, un bras, une jambe, une main. Plus de
travaux déconsidérés et regardés comme avilissants, plus
de salaires que la concurrence déprécie sans cesse, soumis
à mille éventualités, insuffisants à garantir les besoins les
plus urgents d'une famille. Au sein de la commune associée,
de vastes ateliers, propres, élégants même, ventilés en été

et chauffés en hiver, réunissent des *séries* et des *groupes*
de travailleurs qu'une rivalité constante stimule sans cesse.
L'ennui et la fatigue s'emparent-ils de l'un d'eux, il quitte
le groupe, et, se délassant d'une occupation par une autre,
passe de l'atelier aux champs, quitte son cabinet pour les
jardins et les vergers, et se mêle à d'autres groupes dont
il réveille l'ardeur.

S'agit-il d'un champ à labourer? Ce n'est plus un de
ces lambeaux du sol, dévoré par des haies parasites, dans
lequel une charrue ne pourrait tourner, et qu'il faut bêcher
courbés comme des bêtes de somme; aussitôt vingt charrues se présentent et s'élancent dans la carrière. C'est tout
l'attrait des courses et leurs émotions, avec le danger en
moins, et en plus l'intérêt très-réel d'une plus grande
utilité. On se divise la besogne, c'est une lutte, un concours continuel à qui fera plus et mieux. L'amour-propre
seul en est garant, et aussi l'intérêt, car les dividendes sont
en raison du travail et du talent de chacun. On occupe dans
le groupe ou la série le rang conféré par l'élection de ses
pairs, qui connaissent et choisissent le plus digne, car il
leur importe que le groupe ou la série soient dirigés par
le plus capable et le plus habile pour lutter victorieusement contre les groupes rivaux et ne pas voir les forts
dividendes attribués à leurs voisins. Préparés par une
éducation qui a pour but de faire éclore toutes les vocations et de développer intégralement toutes les facultés de
l'individu, on fait sans fatigue l'apprentissage de vingt
fonctions diverses. Ne sait-on pas déjà comment une jeune
fille élégante confectionne, sans presque les apprendre,
ces mille travaux d'aiguille, ces charmantes merveilles,

> Ces tissus plus légers que des ailes d'abeilles,

qu'une grossière fille des champs ne saurait apprendre!
Chacun a vu des hommes du monde, pour échapper au supplice de la paresse, se faire tourneurs, menuisiers, serru-

riers, jardiniers, exécuter en se jouant ces métiers qui exigent un si long apprentissage de l'homme du peuple inculte et ignorant.

Il est du reste impossible d'analyser en quelques lignes cette partie de la théorie phalanstérienne, à laquelle les socialistes des différentes sectes, surtout parmi les communistes, ont fait de larges emprunts. Ils ont appliqué le principe de la communauté aux idées de Fourier, qui s'est appauvri de tout ce dont ils s'enrichissaient. C'est dans les livres mêmes de l'auteur qu'il faut étudier le mécanisme sériaire, point capital de sa doctrine.

On sait que Fourier a donné le nom de Phalanstère à l'édifice unitaire qui sert de logement à la colonie industrielle agricole. M. L. Reybaud va nous faire les honneurs de la demeure nouvelle :

« Un Phalanstère devra être un édifice à la fois commode et élégant, dans lequel l'utilité n'aura point été sacrifiée au luxe, ni l'architecture aux exigences des distributions intérieures. Ce sera une vaste construction, de la plus belle symétrie, et accusant par sa grandeur les pompes de la vie nouvelle. De droite et de gauche se projetteront des ailes gracieusement repliées sur elles-mêmes en fer à cheval. Là, loin du centre de la grande famille, doivent s'installer les métiers bruyants. Ce palais sera double dans son étendue, avec des corps de bâtiment assez éloignés l'un de l'autre pour former des cours intérieures et ombragées, promenoirs des vieillards et des convalescents. Au milieu du bâtiment principal s'élèvera la tour d'ordre, siége du télégraphe, de l'horloge et des signaux chargés de transmettre les instructions nécessaires aux travailleurs disséminés dans la campagne. Le théâtre et la bourse trouveront leur place dans la même enceinte. A la hauteur du premier étage, et dans tout le pourtour de l'édifice régnera une rue-galerie, chauffée en hiver, aérée en été, et offrant, d'un atelier à l'autre, une communication facile et à l'abri de toutes les intempéries. Au besoin, cette rue-galerie servira encore de salle d'exposition aux objets d'art et aux produits industriels de toute espèce.

» Dans un Phalanstère, tout sera organisé pour une vie attrayante et libre, une vie au goût de chacun : commune si l'on veut, solitaire si on le préfère. On y poursuivra deux objets : la commodité générale et le bien-être individuel. Les logements, les salles de réunion, les réfectoires, les ateliers, les cuisines, les caves, les greniers, les offices, tout y sera disposé de manière à assurer les rapports prompts et faciles, des distractions variées, un service économique et intelligent. Chaque famille trouvera à se loger suivant sa fortune et suivant ses besoins, sans qu'il en résulte jamais pour elle une humiliation dans le contraste si elle est pauvre, un motif d'orgueil si elle est riche.

» Si on voulait maintenant, dit-il ailleurs, établir un parallèle entre sa conception et celle des écoles rivales, on pourrait se convaincre combien elle les laisse en arrière. La théorie de Fourier, complète en 1808, a défrayé longtemps les théories qui le désavouaient en le dépouillant. Fourier ne copiait personne; le Saint-Simonisme, pour ne citer que lui, s'est souvent borné à traduire Fourier. Seulement Fourier, plus sage et plus retenu, ménageait-il dans son association une place au capital, c'est-à-dire à la propriété individuelle, que les disciples de Saint-Simon n'ont pas su respecter.

» Toujours grand seigneur, même quand il bouleversait le monde, Saint-Simon était d'ailleurs dominé par des idées d'autorité et de hiérarchie; homme du peuple, Fourier obéissait à un besoin d'émancipation et d'affranchissement. Ainsi, Fourier a pour lui la date et la supériorité relative des idées : évidemment l'avantage lui reste. »

Fourier ne crut pas à l'éternité des lois qui, depuis plusieurs siècles, et sauf quelques modifications, régissent aujourd'hui les rapports sexuels. La morale, dans le passé, n'est pour lui qu'une affaire de géographie et de chronologie. Il admit le divorce sur les bases les plus larges, et prétendit qu'il y a toujours eu et qu'il y aura toujours des individus, hommes et femmes, qui ont vécu et vivront en dehors des prescriptions d'une monogamie sévère. Qu'importe que sur ce point il ait mal vu, mal observé, mal interprété? Il n'a pas dit: — Il faut que cela soit ainsi. — Il n'a pas promulgué des lois nouvelles, et ordonné de les suivre. Esprit droit et inflexible, irrité des turpitudes trop fréquentes d'une société fondée sur les seuls intérêts matériels, il a cherché à sortir de ce milieu fatal. Qu'importe qu'il se soit trompé lorsqu'il décrit les coutumes amoureuses de l'an de grâce 2500! Il a dit et répété qu'aucune réforme de ce genre ne serait acceptée qu'après avoir été discutée par un concile de pères et d'époux. Cela suffit pour rassurer les plus timorés. Voici du reste l'opinion de Fourier sur ce que lui-même appelait son roman, c'est-à-dire sur tout ce qui sortait, — et il y a dans ses livres immensément de choses dans cette catégorie, — de l'application matérielle de son système d'association.

« Les détracteurs se dénoncent eux-mêmes en m'attaquant sur des sciences nouvelles, cosmogonie, psychogonie, analogie, qui sont en dehors de l'industrie combinée. Quand il serait vrai que ces nouvelles sciences fussent erronées, romanesques, il ne resterait pas moins certain que je suis le premier et le seul qui ait donné un procédé pour associer les inégalités et quadrupler le produit en employant les passions, caractères et intérêts, tels que la nature les donne. C'est le *seul point* sur lequel doit se fixer l'attention, et non pas sur des sciences qui ne sont qu'annoncées.

» Étrange despotisme que de condamner toutes les

productions d'un auteur parce que quelques-unes sont défectueuses! Newton a écrit des rêveries sur l'Apocalypse; il a tenté de prouver que le pape était l'Antechrist. Sans doute ce sont des folies scientifiques; mais ses théories sur l'attraction et les rayons lumineux n'en sont pas moins bonnes et admises. En jugeant tout savant ou artiste, on sépare le bon grain du faux. Pourquoi suis-je le seul avec qui la critique ne veuille pas suivre cette règle? »

Quand un homme découvre aussi largement sa poitrine, on aurait mauvaise grâce à le frapper. Nous ne critiquerons donc point ce dont il fait si bon marché.

On a dit et répété souvent que les théories de Fourier avaient été mises à l'essai, et que les tentatives avaient toutes échoué. C'est une erreur. En 1832, je crois, quelques disciples, dans toute la ferveur d'une conviction profonde, voulurent fonder un phalanstère à Condé-sur-Vesgres, sur des propriétés appartenant à M. Baudet-Dulary, alors député. On se flattait, par une erreur commune à tous ceux qui embrassent avec enthousiasme une idée généreuse, qu'à l'annonce seule d'une telle entreprise les fonds allaient accourir, et qu'on ne serait bientôt plus embarrassé que de leur abondance. On fit des défrichements, on mit en valeur des terres incultes, on commença la construction des servitudes et des étables. Mais les fonds n'arrivèrent pas, il fallut renoncer à l'œuvre prématurément entreprise, et M. Baudet-Dulary seul y perdit une notable partie de sa fortune. Mais la vérité est que la théorie de Fourier ne fut pas plus expérimentée à Condé qu'on n'eût expérimenté une machine nouvelle quand on n'eût pas même pu élever le hangar à l'abri duquel on devait la construire.

Plus tard, un nouvel essai fut tenté à Cîteaux, grâce à l'impulsion d'un jeune Anglais, Arthur Young. Les disciples de Fourier, constitués en école sociétaire, désapprouvèrent cette tentative, à laquelle ils restèrent complétement étrangers. Il n'y avait là nuls éléments sérieux de succès, d'expérimentation même, et le seul argument qui en surgit en faveur de la puissance de l'association, fut que deux cents personnes mangèrent bien plus vite la fortune de M. A. Young, que M. Young ne l'eût pu faire seul et en régime morcelé. L'aventureux Anglais eût pu, à priori, ne pas mettre en doute ce résultat.

A côté de ces trois grands réformateurs du dix-neuvième siècle, il en est bien d'autres encore qui mériteraient d'être discutés, et dont les ouvrages ont une grande influence sur les divers courants d'idées qui portent aujourd'hui les esprits vers des contrées inconnues encore, mais désirées déjà. Ainsi, MM. Auguste Conte, Buchez, Pierre Leroux, qui, tous trois, ont passé par le Saint-Simonisme; MM. Cabet, Louis Blanc, Proudhon; MM. Vidal et Villegardelle, et quelques autres qui ne procèdent point directement et exclusivement de ceux-ci, ont développé des plans de colonies agricoles basées sur l'association. Mais nous ne pourrions analyser toutes ces doctrines ou toutes ces œuvres sans donner à ce travail des proportions exagérées. Et puis, il me semble que cela nous entraînerait souvent hors de notre sujet, puisque les uns sont communistes, nient absolument le capital et la propriété individuelle, et veulent enfin, non l'association, mais la communauté; d'autres se sont préoccupés plus spécialement de l'atelier industriel, tandis que c'est l'atelier agricole qui excite notre sollicitude; d'autres enfin ont donné peu de formules pratiques, et ne peuvent être utilement analysés. Je dois dire toutefois que MM. Pierre Leroux et Buchez ont insisté souvent sur l'importance capitale du principe de l'association appliqué à l'agriculture. Esprits religieux, ils ont d'ailleurs puissamment contribué à rappeler aux sources vives de la tradition catholique le socialisme qui, sous l'influence voltairienne du libéralisme, était tout d'abord disposé à en faire trop bon marché.

Il est un homme cependant dont je dois dire quelques mots, non pas peut-être pour l'importance de son œuvre, mais à cause du nom qu'il porte et du poste qu'il occupe. On peut incontestablement appeler socialiste tout écrivain qui condamne le morcellement agricole, la libre concurrence industrielle et l'organisation sociale actuelle au bénéfice d'une organisation nouvelle et de l'association. Voici quelques lignes de l'*Extinction du Paupérisme* de M. L.-N. Bonaparte, que certes pas un socialiste ne désavouerait:

« Aujourd'hui la rétribution du travail est abandonnée au hasard ou à la violence. C'est le maître qui opprime, ou l'ouvrier qui se révolte..... La pauvreté ne sera plus séditieuse lorsque l'opulence ne sera plus oppressive.....

» ..... Vouloir soulager la misère des hommes qui n'ont pas de quoi vivre, en leur proposant de mettre tous les ans de côté un quelque chose qu'ils n'ont pas, est une dérision ou une absurdité.

» Qu'y a-t-il donc à faire? Le voici. Notre loi égalitaire de la division des propriétés ruine l'agriculture; il faut remédier à cet inconvénient par une association qui, employant tous les bras inoccupés, recrée la grande propriété et la grande culture sans aucun désavantage pour nos principes politiques.

» L'industrie appelle tous les jours les hommes dans les villes et les énerve. Il faut rappeler dans les campagnes ceux qui sont de trop dans les villes, et retremper en plein air leur esprit et leur corps.

» La classe ouvrière ne possède rien, *il faut la rendre propriétaire*. Elle n'a de richesse que ses bras, il faut donner à ces bras un emploi utile pour tous. Elle est comme un peuple d'ilotes au milieu d'un peuple de sybarites. Il faut lui donner une place dans la société et attacher ses intérêts à ceux du sol. Enfin elle est sans organisation et sans liens, sans droits et sans avenir, il faut lui donner des droits et un avenir, et la relever à ses propres yeux par l'association, l'éducation, la discipline. »

Suivant le Président de la République française, l'Etat devrait concéder à l'association ouvrière, qui en paierait la valeur du revenu actuel aux propriétaires, les 9,190,000 hectares de terres incultes qui existent encore en France. Des colonies agricoles répandues par tout le pays mettraient ces terres en valeur, et « formeraient les bases d'une seule et vaste organisation dont les ouvriers pauvres seraient membres sans être personnellement propriétaires. »

L'auteur estime qu'il faudrait une avance de 300 millions faite par l'Etat :

« Cette avance de 300 millions, dit-il, ne serait pas un sacrifice, mais un *magnifique placement*. Et l'Etat, en songeant à la grandeur du but, pourrait-il se refuser à cette avance, lui qui dépense annuellement 46 millions pour prévenir ou punir les attaques dirigées contre la propriété, qui sacrifie 300 millions pour façonner le pays au métier des armes, qui propose aujourd'hui 120 millions pour construire de nouvelles prisons? Enfin le pays qui, sans périr, a donné deux milliards aux étrangers qui ont envahi la France; qui, sans murmurer, a payé un milliard aux émigrés; qui, sans s'effrayer, dépense deux ou trois cents millions aux fortifications de Paris, ce pays-là, dis-je, hésiterait-il à payer 300 millions en quatre ans pour détruire le paupérisme, pour affranchir les communes de l'immense fardeau que leur impose la misère, pour augmenter, enfin, la richesse territoriale de plus d'un milliard! »

Quant à l'organisation, l'auteur demande que l'on instruise, moralise et discipline les masses laborieuses, et applique à peu près à ces colonies agricoles le mécanisme de l'armée; seulement l'élection, au lieu de descendre de haut en bas, monte de bas en haut.

M. L.-N. Bonaparte établit des corps de réserve de travailleurs, qu'il appelle de « véritables déversoirs de la population, » et qui ressemblent aux *armées industrielles* de
Fourier, traitées plus militairement, quoique le nom soit
moins militaire.

Nous n'attachons pas une grande importance aux plans
de colonies agricoles de M. Bonaparte, et il faut croire que
l'auteur les juge de même, puisque ayant eu cette bonne
fortune unique pour un socialiste d'être porté au pouvoir
par la voix du peuple, il n'apparaît pas qu'il se souvienne
d'avoir découvert un procédé pour éteindre le paupérisme au
moyen d'une « organisation qui ne tend à rien moins qu'à
rendre au bout de quelques années, la classe la plus pauvre aujourd'hui, l'association la plus riche de France. »

En dehors des faits principaux que j'ai rassemblés, bien
d'autres viendraient conclure en faveur de la possibilité de
l'association en agriculture. Ainsi, en Afrique, le maréchal
Bugeaud, qui pendant un temps n'était pas resté indiffé-
rent aux efforts du socialisme, avait réuni des groupes de
travailleurs agricoles. Une colonie est fondée depuis deux
ou trois ans sur les bords de la rivière du Sig, basée sur
l'association du capital et du travail. En Allemagne et en
Pologne, il existe des associations territoriales, constituées
par le concours volontaire des propriétaires, distinctes de
l'Etat, mais revêtues d'un caractère public. Ces établissements, d'après leur constitution, sont surtout formés au
point de vue de l'association du capital-terre, de même que
l'industrie associe souvent le capital-argent.

En remontant plus haut dans l'histoire du droit allemand,
nous trouverions la Marche, propriété commune à peine
limitée et toujours disposée à absorber la propriété individuelle. Nous rencontrons là le pendant des ordonnances de

Pertinax et de ses successeurs, mais ici au profit de tous, parce que , comme je l'ai dit, le droit romain répugnait à l'association. — « Si quelqu'un a laissé son champ se couvrir de ronces, au point que deux bœufs ne puissent le labourer, ce bien est déclaré Marche, commun pacage. — Si broussailles montent à l'éperon, le fermier perdra son fonds. » — Des peines terribles protégeaient cette propriété commune. Celui qui abattait un arbre de la Marche, on le conduisait au lieu du crime avec le tronc de l'arbre abattu, et sur ce tronc on coupait la tête au coupeur de bois *d'un seul han.*

Bien que l'association, si disposée à envahir, se défende avec tant de rigueur, le droit allemand n'en est pas moins, pour une époque de féodalité, plein de douceur et de mansuétude. Portée à l'association, la fraternité est le sentiment qui domine en Allemagne. Le passant peut cueillir trois pommes, couper trois grappes de raisin, arracher trois raves. Celui dont la femme vient d'être mère peut prendre du bois pour elle, le vendre même, et acheter avec le prix du pain blanc et du vin. On pousse la prévoyance jusqu'à planter sur les routes des arbres fruitiers pour satisfaire les envies des femmes grosses qui peuvent passer... Ces naïves coutumes ne se retrouveraient point chez un peuple au sein duquel dominerait la propriété individuelle et jalouse.

En Belgique et dans les Pays-Bas, on a établi des colonies agricoles qui remplacent avec d'immenses avantages nos dépôts de mendicité et nos maisons centrales de correction. Elles sont basées sur une sorte de procédé mixte entre le régime morcelé et le mode sociétaire. Depuis longues années, dans les régions officielles, on a l'*intention,* en France, d'imiter ces établissements. Un projet était à l'étude, au moment de la révolution de février, pour essayer une de ces colonies auprès de la maison centrale de Fontevrault, dans la forêt qui l'avoisine. Une ancre de salut allait être jetée peut-être dans le sol qui avait été si hospitalier à Robert d'Arbrissel et à ses pieux travailleurs. C'étai l'heure de se hâter; on a tout justement abandonné le projet.

Nous pourrions citer encore des faits de détail très-concluants. On sait, par exemple, comment se manipule le laitage dans le Jura, la Suisse et la Hollande. Chaque localité possède une *Fruitière* commune dans laquelle chacun verse chaque jour le lait de ses vaches et de ses brebis. Le fromage se fait en commun, et les bénéfices se partagent en proportion de la quantité de lait apportée à l'établissement. Il n'est pas de village, en France, qui ne bénéficiât singulièrement à imiter ces fruitières. Il faut bien, quoi qu'on en ait, reconnaître la possibilité de ce qui existe. Mais combien n'est-il pas difficile de faire succéder à la routine le progrès de détail le plus modeste et le plus inoffensif!

Le soin des troupeaux est une partie intime de l'agriculture. L'association a existé de tout temps plus encore chez les peuples pasteurs que chez les peuples agriculteurs. Même encore aujourd'hui, les propriétaires du Midi réunissent leurs troupeaux, au nombre de huit, dix, et quelquefois jusqu'à vingt-cinq mille bêtes, pour les faire *transhumer,* ou émigrer, dans les pâturages plus frais de la Drôme, de l'Isère, des Hautes et Basses-Alpes. Plus de quatre cent mille bêtes à laine voyagent ainsi chaque année. A l'exception des agneaux de l'année courante, qui restent auprès de leur mère, les plus faibles marchent devant et règlent le pas. Le grand troupeau est sous la direction du *baille,* qui a sous lui différents ordres de bergers. Lui-même est associé dans la propriété générale, il possède une brebis sur trente et les chèvres qui marchent en tête et éclairent la marche. Le grand troupeau se subdivise en groupes de 1,600 à 2,400 bêtes; ces groupes sont surveillés par des bergers aidés d'un chien par cent têtes de bétail. Au centre sont les ânes, au nombre de cent, et quelquefois plus, portant les équipages. Les ânes, de même que les boucs, ont des sonnettes de son différent bien connu des moutons qui les suivent. L'ordre qui a été suivi pendant la route s'observe encore dans la montagne.

Autrefois les seigneurs, forcés de laisser paître ces immenses troupeaux lorsqu'ils passaient sur leurs terres, se dédommageaient en levant sur eux un droit de *pulverage*. Ils payaient pour la poussière qu'ils faisaient sur la route.

Le chef des bergers s'appelle *baille*, le grand troupeau *compagne*, les subdivisions *scabois*, le centre et les équipages la *robbe*, les chèvres et les boucs les *menons*.

Fourier paraît avoir imité ce mécanisme, assez régulièrement *sériaire* en effet, lorsqu'il décrit la marche des immenses troupeaux des *phalanges*.

J'ai signalé plus haut l'assertion de l'un des adversaires du socialisme, de M. Thiers, lorsqu'il se plaît à répéter que l'association est inapplicable à l'agriculture, et que les socialistes ne se sont jamais préoccupés de l'atelier agricole. On voit maintenant que la seconde partie de son assertion dénote une aussi inqualifiable ignorance que la première, et nous avons vu tous les socialistes, sans exception, depuis Th. Morus jusqu'à Fourier, jusqu'à L.-N. Bonaparte, donner pour base à leurs utopies l'agriculture. C'est faire la partie trop belle aux théories du socialisme, que de ne les attaquer jamais qu'avec de l'ignorance et de la mauvaise foi.

Je n'ai rien dit des colonies de Mettray, Ostwald, Petit-Bourg, Saint-Firmin et autres. Etablies dans un but philanthropique fort respectable et à un point de vue déterminé, elles n'ont point eu, dans la pensée des fondateurs, la mission de mettre en lumière les avantages de l'association appliquée au travail des champs, et ce n'est qu'accessoirement, et en quelque sorte forcément, qu'elles utilisent ce fécondant principe. Ces institutions ont donc droit à tous nos éloges, mais l'analyse que nous en ferions sortirait du cadre qui doit limiter nos recherches. J'en dirai autant pour l'association agricole de Naz et quelques autres établissements analogues. Il nous suffit de les citer pour mémoire.

CHAPITRE VII.

SOLUTION PRATIQUE.

Association libre et proportionnelle du capital, du travail et du talent.
Association agricole-industrielle. Association des travailleurs.
Crédit agricole. Citations, faits pratiques
et solutions diverses.

> Peu à peu l'esclavage se changea en servage, et le servage se convertit en salaire, lequel salaire se modifiera à son tour, nouveau perfectionnement qui signalera la troisième ère, le troisième grand combat du christianisme.
>
> CHATEAUBRIAND, *Études historiques*, art. *Féodalité*.

> Ceux qui repoussent les remèdes nouveaux se préparent des calamités nouvelles.
>
> BACON.

Nous sommes arrivés à la partie la plus délicate et la plus importante de notre travail; critiquer est facile, compiler n'est rien qu'une œuvre de patience, mais imaginer, créer, innover à son tour est une tâche pleine de périls et d'écueils. La loi providentielle à laquelle obéit l'humanité, c'est le mouvement, la marche incessante, le progrès : tout change, mais pour progresser. Vainement le vieillard, — *laudator temporis acti,* — regrette les idées et les coutumes d'autrefois; aujourd'hui vaut mieux qu'hier, demain vaudra mieux qu'aujourd'hui. Mais, par une contradiction étrange, en même temps que l'humanité change et progresse sans cesse, l'individu se révolte contre le progrès, en a peur et le combat comme un ennemi. Lorsqu'elle se montre à nous dans sa nudité, sa jeunesse et sa beauté, la vérité nous effraie, pour plaire il faut qu'elle se fasse vieille et ridée, et qu'elle se cache sous le vêtement à la mode. Aussi l'histoire de tous les génies inventeurs n'est qu'un long martyrologe qui se déroule à travers les siècles.

Je n'ai point à redouter le martyre, mes vœux tendent moins haut. Mais enfin ce mot association, cette idée vieille comme le monde, si simple, si féconde, si merveilleusement conciliatrice, est aujourd'hui repoussée comme une nouveauté, bafouée comme une utopie, poursuivie et menacée à l'égal d'un danger et d'un crime. Et pour qu'il puisse être dit qu'aucune inconséquence n'a manqué dans ce débat, les plus fougueux adversaires des réformateurs s'inclinent devant elle : « L'association agricole, dit Louis Reybaud, est une idée féconde qui se réalisera tôt ou tard, quand le fractionnement du sol aura porté tous ses fruits. » (T. I, p. 198.)

Un mot seulement avant de nous aventurer dans le vif de la question.

Qu'est-ce qu'une solution pratique?

Il ne faut pas se le dissimuler, pour la plupart d'entre nous il n'y a de *pratique* que ce qui est *pratiqué*. Bien peu ont l'indépendance d'esprit nécessaire pour s'élever jusqu'à la perception de ce qui est *praticable*. — C'est impossible! — tel est notre premier mot, lorsqu'on nous propose quelque chose qui n'a pas été fait encore. Et parce qu'on s'est dit que c'était impossible, à force de le répéter on n'en doute plus, on ne tente rien, et c'est ainsi que le progrès devient impossible en effet.

Nous tâcherons d'éviter cette timidité d'intelligence. Je m'efforcerai d'ailleurs d'étayer tout ce que j'avancerai de faits indéniables et d'exemples saisissants ; autant que je le pourrai, je ne ferai que féconder des germes existants déjà, et appliquer sur une plus vaste échelle ce qui est ou ce qui a été.

Que l'on en ait conscience ou non, préconiser l'association, c'est faire du socialisme. Toutefois, comme on a toujours plus peur des mots que des choses, j'ai cru devoir m'abstenir de prendre mes arguments et mes citations chez les socialistes et leurs adeptes. De pareilles sources seraient suspectes, et cela ne donnerait pas une grande force à mes affirmations d'invoquer à l'appui ceux que l'on nie. Je me plais au contraire à faire des emprunts aux hommes et aux publications qui n'ont jamais été accusés de socialisme, et que la simple réflexion force à confesser la puissance bienfaisante de l'association. C'est ainsi que M. Dupin aîné, M. Troplong, M. L. Reybaud lui-même, me sont venus en aide. Dans la livraison d'août 1841 du *Journal des connaissances utiles,* un excellent article, signé Darnis, donnait un projet d'association agricole pratique et réalisable, auquel il ne manque que des développements. Je le reproduis d'autant plus volontiers qu'il est précédé de considérations dont il faut tenir compte :

« En Angleterre, l'hectare de terre rapporte moyennement 75 fr.; il ne rapporte en France que 30 fr. En Angleterre, sur quatre individus il n'y a qu'un agriculteur; en France il y a trois agriculteurs sur quatre individus.

» C'est qu'en Angleterre le mode d'exploitation du sol, c'est le mode économique, le mode industriel. Ce mode, c'est la division du travail, le meilleur emploi possible des terres, des bestiaux, des machines, du temps et des hommes. Avec la division du travail dans son agriculture, l'Angleterre est parvenue, avec un territoire qui est à celui de la France comme trois est à cinq, à élever sa production agricole à cinq milliards et demi, tandis que la production agricole de la France ne s'élève qu'à quatre milliards et demi.

» Ce qui est possible en Angleterre, pays de grandes propriétés, dira-t-on peut-être, ne l'est pas en France, où le morcellement de la propriété a été poussé jusqu'à la pulvérisation du sol...

» Au point de vue social, ce n'est pas un mal qu'il y ait beaucoup de propriétaires, c'est au contraire un bien, un très-grand bien... Mais au point de vue de la production, la trop grande division du sol, il faut en convenir, est une véritable calamité; ce n'est ni plus ni moins, si chaque propriétaire ne cultive que sa portion, qu'un retour à l'état sauvage, à l'exploitation la moins rationnelle de toutes.

» Mais le morcellement de la propriété n'est pas un mal sans antidote, et le progrès agricole, quoique difficile, n'est pas impossible avec une très-grande division du sol. L'association ne peut-elle pas détruire tous les inconvénients économiques et nous laisser tous les avantages sociaux d'un grand nombre de propriétaires?

» Avec l'association, les inconvénients du morcellement disparaissent, et tous ses avantages politiques et sociaux nous resteraient; cela n'a pas besoin d'être démontré. Mais l'association en agriculture est-elle possible? Tout ce qui est rationnel, en harmonie avec la nature de l'homme et avec les lois de la matière, ne peut être ni impossible ni très-difficile. L'association, le premier besoin de l'homme et le seul moyen en sa puissance de lutter contre le monde extérieur, ne l'est pas, ne peut pas l'être, pas plus en agriculture qu'ailleurs.

» Et pour prouver qu'en agriculture l'association n'est pas impossible, supposons dix petits propriétaires, tous avec des terres d'inégale contenance et d'inégale valeur, tous avec une famille composée d'un nombre inégal d'individus. Les dix chefs se réunissent, déterminent à l'amiable la valeur comparative de chaque parcelle de terre ou action apportée; la société est formée et le capital de chacun convenu; il ne s'agit plus que de distribuer le travail. Mieux qu'on ne le pense généralement, on sait, aux champs, classer les individus selon leur valeur relative; les dix chefs, selon la capacité présumée des divers individus qui doivent composer le personnel de l'exploitation, nomment qui directeur de l'association, qui chef des travaux, qui commis à l'approvisionnement général, en un mot assignent à chacun sa place et ses fonctions.

» Quant à la répartition, elle est pour chacun en raison de son apport et de son travail, ce qui d'abord semble fort difficile et qui cependant ne l'est pas, en observant que l'apport et le travail de chacun peuvent être évalués facilement en chiffres, en argent, d'après la valeur des terres et d'après les salaires des ouvriers agricoles de la localité.

» Ce n'est pas un plan que nous avons voulu tracer ici, nous avons voulu seulement indiquer qu'en agriculture les associations sont possibles, que, sous un gouvernement qui les voudrait et qui les provoquerait, elles ne tarderaient pas à se former et à rendre au pays des services dont on ne peut aujourd'hui mesurer ni l'étendue ni l'importance. On n'en peut douter, l'association agricole pourrait relever l'industrie de la plus nombreuse classe de la société, et augmenter indéfiniment notre force de production, partant notre richesse et notre bien-être. C'est donc un devoir pour les hommes influents et pour les amis des véritables intérêts du pays de la recommander, de l'expliquer et de l'organiser. On ne doit pas désespérer de la voir adopter, quand on pense qu'il suffirait de quelques essais pour la propager partout. »

On dit souvent que les socialistes n'ont su faire que de la critique, et qu'ils n'ont pas formulé une idée organique, exposé un plan palpable et discutable. On voit au contraire que, même en dehors des réformateurs et de leurs publications, nous pourrions trouver des plans et des idées. Il est vrai que le plan que je viens de reproduire pourrait être revendiqué par la plupart des écoles socialistes.

Que l'on ne se méprenne pas à ma pensée; si, en regard des haines et des misères qu'enfante le morcellement, j'ai décrit avec un vif intérêt les associations agricoles du moyen âge, ce n'est pas que je veuille critiquer le présent au profit du passé. L'humanité, dans sa marche lente et majestueuse à travers les siècles, s'avance toujours éclairée par cette colonne mystérieuse qui guidait au milieu du désert le peuple de Dieu dans sa fuite triomphante. La lumière est pour ceux qui vont devant, et derrière il n'y a que ténèbres et précipices. Je l'ai dit, le principe était bon, l'application en était incomplète, insuffisante, oppressive. C'est donc tout autre chose qu'il faut faire aujourd'hui, et cette autre chose, c'est un essai, rien de plus. Il y a folie et danger à prétendre révolutionner à la minute l'esprit d'une nation, ses croyances, ses habitudes. Si l'essai réussit, la cause est gagnée. Saint Thomas lui-même, le patron de l'incrédulité, se prit à croire, après qu'il eut vu.

Respectant tous les droits acquis dans le passé, cet essai d'association, libre, volontaire, accepte pour légitimes au même titre les trois éléments de production, capital, travail et talent, et, dans la répartition de la richesse sociale, garantit l'inviolabilité de leurs droits proportionnels. Que ce point important soit tout d'abord bien établi, sans équivoque et sans arrière-pensée.

Supposons que nous avons les moyens matériels et moraux de réalisation. Nous pouvons disposer d'une commune qui compte environ quatre cents familles, agricoles, industrielles et bourgeoises; nous leur avons démontré l'excellence des procédés de l'association, elles consentent à se prêter à l'essai.

Un travail cadastral fait avec une minutieuse exactitude constate la richesse de chacun, les quantités de terres en pâturages, céréales, vignes ou bois; la qualité relative, le revenu moyen, etc. On sait par suite quel sera le droit proportionnel de chacun dans la répartition des bénéfices au point de vue du capital. Mais comme il faut laisser à chacun toute et entière liberté d'augmenter ou de modifier son avoir, ces propriétés seront représentées par des actions ou coupons d'actions vendables, échangeables, négociables comme toute autre valeur. Grâce à ce procédé, nous pouvons diviser et émietter le sol sans danger, nous pouvons appeler chacun à la propriété, et nous cumulons tous les bienfaits du morcellement agricole avec ceux de la grande culture.

Aussitôt tous ces murs laids et dispendieux, qui brisent la vue et ruinent la bourse, disparaissent avec les fossés inutiles et les haies qui dévorent le sol et recèlent les animaux nuisibles. « Où mur y a, et devant et derrière, — comme dit Rabelais dans son utopie de l'abbaye de Thelèmes, — y a force murmures, envie et conspiration mutuë. » On peut enfin exécuter dans l'intérêt de tous, les travaux de desséchement et d'irrigation impossibles sous le régime du morcellement. Nous voyons disparaître aussi l'usure et le vol, et les agents de répression, et les huissiers, avoués, notaires et avocats, que l'agriculture morcelée engraisse du plus vif de sa chair.

On s'exagère singulièrement l'amour de l'homme pour la propriété exclusive et individuelle. Il y a dans ce sentiment, dont je reconnais toute la force et l'énergie actuelle, plus d'habitude, de préjugé et d'étroitesse de vue que d'instinct naturel. Le paysan tient avec fanatisme à sa chaumière triste et sombre, bien qu'ouverte à tous les vents, aux murs nus et enfumés, au toit de chaume que la mousse ronge et que l'humidité convertit en fumier; étuve en été, faute d'ouvertures suffisantes, glacière en hiver, parce que la porte seule donne du jour et ne ferme pas mieux que celle de son étable; — et qui souvent n'est pas *sa* chaumière, mais celle du propriétaire qui peut, à son caprice, le chasser de ce toit si vanté qui l'a vu naître et qui ne le verra pas mourir. Mais le riche habitant des grandes villes déménage sans regret, et comprend combien l'on est mieux dans un simple appartement dont on n'a pas la propriété, dans un de ces immenses et magnifiques hôtels où cent familles vivent côte à côte, se rendant parfois service et ne se gênant jamais.

Le paysan tient à son coin de terre, à son lambeau de sol; il le fume, le laboure et le moissonne de ses propres mains, et peut-être trouve-t-il un certain bonheur à ce labeur rude et monotone. Mais le riche propriétaire donne sans regret la possession de son bien à ses fermiers; il a des terres qu'il n'a jamais vues, sur lesquelles il n'a jamais mis le pied, et qu'il n'éprouve aucune félicité à voir s'étaler au soleil. On tient à la propriété, on fait bon marché de la possession. L'association n'en demande pas davantage.

L'habitant des villes déserte la maison qui est à lui pour passer le meilleur de son temps au cercle, au casino dont le local est à l'association. Pour le prix que coûterait, *chez lui*, un journal *à lui*, il lit vingt journaux et brochures, lutte au jeu avec des groupes amis ou rivaux, puise dans les trésors de la bibliothèque de l'association auprès de laquelle la sienne, à lui, si coûteuse, n'est qu'un atome.

C'est qu'en effet l'association nous déborde de tous côtés et nous saisit à notre insu. Et plus nous vivons de la vie sociale, plus notre intelligence s'élargit, et plus en même temps les préjugés tombent et font litière sous les pas de l'idée nouvelle qui s'avance, prête à conquérir le monde qui lutte en vain, comme luttait la société païenne alors que l'idée libératrice du Christianisme s'élargissait au milieu d'elle et grandissait sur ses ruines.

L'association, dit-on sans cesse, détruit la société! Il serait facile de retourner ce banal argument et de dire que la société n'existe que parce que le morcellement, la concurrence et l'individualisme ne sont pas complétement réalisés et qu'un très-grand nombre de choses restent dans le domaine de la communauté. Rendez donc à l'appropriation individuelle les grandes routes et les sentiers, les rivières et les fleuves, ces chemins qui marchent, l'église et la maison commune, et l'école! De quel droit les villes retiennentelles donc, au nom de la communauté, les rues et les places, les temples et les théâtres, les marchés et la Bourse, les hospices et les musées, les promenades, les quais, les ponts, les bibliothèques et les palais? Insensés! vous fondez des colléges et des écoles, des crèches et des asiles, des casernes et des hôpitaux; vous souffrez qu'on ouvre des cercles et des cabinets de lecture, des restaurants et des cafés, des lieux de réunion pour la danse et pour les concerts, et vous ne voyez pas que par toutes ces voies et toutes ces fissures l'association se glisse et s'introduit, et qu'elle monte, et qu'elle grandit, et qu'elle va tout envahir! Car dans votre société fondée sur le sable mouvant de l'individualisme, il ne se fait rien de bien, rien de fécond, rien de grand, qui ne sorte de l'individualisme pour rentrer dans l'association.

Associons-nous donc et rapprochons-nous! Assez de bornes dans nos champs, assez de limites dans nos cœurs. N'y a-t-il pas trop longtemps que les hommes sont frères à la manière de ces enfants de Jacob qui vendirent Joseph aux marchands d'Emmaüs?

C'est le morcellement, bien plutôt que l'association, qui détruit la société et rend l'homme insociable : « Je suppose, dit La Bruyère, qu'il n'y ait que deux hommes sur la terre, qui la possèdent seuls et qui la partagent toute entre eux deux; je suis persuadé qu'il leur naîtra bientôt quelque sujet de rupture, quand ce ne serait que pour les limites. »

Sans contredit : mais aussi pourquoi la partager et poser des limites? Pourquoi ne pas la garder toute à eux deux? Si des industriels se font concurrence, sont ennemis et cherchent à se ruiner, voyez, dès qu'ils s'associent, comme ils marchent de concert, et, leurs profits augmentant, comme ils vivent en bonne harmonie! Un homme, qui n'était pas socialiste, avait deviné, guidé par la puissance de son incontestable génie, et mettait en pratique cette sorte de propriété collective telle que le fera l'avenir.

« Au retour d'Italie, et partant pour l'Egypte, Napoléon acquit la Malmaison ; il y mit à peu près tout ce qu'il possédait. Il l'acheta au nom de sa femme, qui était plus âgée que lui ; en lui survivant, il pouvait se trouver n'avoir plus rien ; c'est, disait-il lui-même, qu'il n'avait jamais eu le goût ni le sentiment de la propriété. Il n'avait jamais eu, ni n'avait songé à avoir. — Si peut-être j'ai quelque chose aujourd'hui, continuait-il, cela dépend de la manière dont on s'y sera pris au loin depuis mon départ ; mais, dans ce cas encore, il aura tenu à la lame d'un couteau que je n'eusse rien au monde. Du reste, chacun a ses idées relatives : j'avais le goût de la fondation et non celui de la propriété. Ma propriété, à moi, était dans la gloire et la célébrité : le Simplon pour les peuples, le Louvre pour les étrangers, m'étaient plus ma propriété que mes domaines privés. J'achetais des diamants à la couronne, je réparais les palais des souverains, je les encombrais de mobilier, et je me surprenais parfois à trouver que les dépenses de Joséphine, dans ses serres ou sa galerie, étaient un véritable tort pour mon Jardin des plantes ou mon musée de Paris [1].

J'ai parlé de ces immenses hôtels de Paris et des grandes villes au sein desquels cent familles vivent en paix. Certes, proposer cela au villageois isolé, défiant, haineux, tel que l'a fait notre civilisation imparfaite, c'est lutter contre une difficulté de transition incontestable, mais ce n'est pas impossible. Pour avoir un énorme bagage de préjugés, le villageois n'est pas fait autrement que l'habitant des villes. Cela existait dans les communautés agricoles du moyen âge et chez la plupart des sectes dont j'ai parlé. C'est donc possible. L'unité de logement réaliserait, outre un bien-être

---

[1] Mémorial de Sainte-Hélène, édition illustrée, t. I, page 90. La même idée se trouve développée autrement à la page 387.

matériel immense, d'immenses économies en tout genre. La description du phalanstère que j'ai empruntée à L. Reybaud en énumère une partie. Cela, qu'on le comprenne bien, n'entraîne nullement la nécessité d'une vie commune. S'il est plus avantageux de préparer les aliments dans un vaste atelier culinaire, avec le simple concours de quarante personnes, au lieu des quatre cents feux, des quatre cents matériels et des quatre cents ménagères qu'emploie la commune actuelle, rien n'empêche chacun de vivre isolément. Il y aura dans notre commune associée, comme il y a déjà aujourd'hui, des gens qui préféreront prendre leurs repas à table d'hôte, en nombreuses réunions, d'autres qui mangeront à leur table dans une salle commune, comme aujourd'hui encore, d'autres qui se feront servir chez eux, toujours comme aujourd'hui. On jouit des avantages de l'association pour la préparation des aliments, tout en sauvegardant les exigences légitimes de l'esprit d'individualisme.

Rien de tout cela n'est utopique ; c'est la généralisation d'un fait pratique dont les heureux effets sont éprouvés. « Autant que possible, — dit M. Villermé dans son Tableau de l'état physique et moral des ouvriers des manufactures, à l'article Zurich, — autant que possible, les locataires d'une même maison se réunissent, pendant l'hiver, pour travailler avec un seul feu, et, le soir, avec une seule lumière ; le même poêle sert à tous les ménages pour faire la cuisine et conserver chauds les aliments. On conçoit que les économies qui résultent de semblables réunions, dans lesquelles on s'excite mutuellement au travail, non plus le soir seulement, comme à la veillée, mais depuis le lever jusqu'au coucher, doivent être pour quelque chose, ainsi que l'a montré M. le professeur de Candolle, dans les bas prix auxquels ces ouvriers peuvent livrer leurs produits. »

J'ajoute que M. de Candolle a constaté l'existence de

semblables réunions dans les cantons d'Appenzel et de Saint-Gall.

Ce qui existe est possible, apparemment.

Nous allons appliquer parallèlement à l'une des branches du travail agricole le mode d'action de l'association et du morcellement, afin que l'on comprenne mieux par un exemple combien le premier est simple et facile, et quels avantages incalculables résulteraient de l'exploitation unitaire.

Parmi les travaux des champs, il en est qui s'exécutent isolément, d'autres qui exigent la réunion de bandes nombreuses. Le travail dans ces dernières conditions devient plus attrayant. Déjà l'on peut faire cette remarque pour les vendanges, par exemple, que je prends pour type, la viticulture jouant un assez grand rôle presque par toute la France.

Tout paysan possède quelques ares de vignes disséminés à de grandes distances. Attelé au léger véhicule inventé par Pascal, à la brouette, véritable char du morcellement, chacun va récolter avec grandes fatigues les grappes qui sont sa propriété. L'association remplace les quatre cents brouettes et les quatre cents brouetteurs par cinq ou six fortes charrettes attelées de dix ou douze chevaux ; ce qui, outre une fabuleuse économie de temps, rend au travail direct de la cueillette trois cent quatre-vingts charroyeurs.

Chaque brouetteur brouette sa mince récolte dans son cellier et fait son vin dans son pressoir : c'est quatre cents celliers, quatre cents pressoirs et matériels établis dans les plus détestables conditions, et qui sont remplacés par un seul et excellent cellier, et par trois ou quatre puissants pressoirs mécaniques, qui sont loin de nécessiter l'emploi des huit cents bras de la commune.

Une fois fait, le vin séjourne dans ces mauvais celliers, dans des fûts insuffisants et livré le plus souvent à des mains malhabiles ; l'association le garde en de vastes foudres, dans les larges flancs desquels il s'améliore, comme chacun sait, autant qu'il se détériore dans de petits vaisseaux.

L'époque rigoureuse des vendanges est fixée par des bans publiés quelques jours d'avance et dont il faut subir les limites. Ce qui est trop mûr doit attendre, au risque d'être desséché par les vents ou délayé par les pluies; ce qui ne l'est pas suffisamment gâtera la qualité de toute la récolte. N'importe, on ne peut devancer l'époque fixée, et si l'on tardait, on serait pillé par ses voisins. D'ailleurs, comment récolter à plusieurs reprises quelques ares de vignes? Il faudrait presser sa vendange entre ses doigts et faire cuver dans un arrosoir. En association, le vol est supprimé, grâce à la double impossibilité de le pratiquer et d'en profiter. Opérant sur de grandes masses et agissant dans un seul intérêt, elle prend son temps, vendange à plusieurs reprises et à mesure seulement que le raisin est déclaré arrivé à parfaite maturité.

Les divers ares de terre que possède chaque cultivateur sont parfois à d'assez grandes distances et dans des cantons de qualités très-différentes. Force est bien au petit propriétaire de presser tout cela au même pressoir ou de faire bouillir à la même cuve. L'association se garde bien d'opérer ainsi, et elle a grand soin de ne pas détériorer ses produits par le mélange de qualités inférieures. Cela ne fait point difficulté pour la répartition rigoureusement juste et proportionnelle des bénéfices; car on sait très-exactement la quantité d'ares ou d'hectares possédée par chacun, et les terres sont classées suivant leur qualité.

Après cette simple et rapide esquisse des procédés comparés du morcellement et de l'association, n'est-il pas évident et incontestable que celle-ci opère avec une économie immense, incalculable, que ses produits sont d'une qualité infiniment supérieure, et que, par suite, les dividendes de tous, propriétaires et travailleurs, croîtront dans une proportion considérable?

L'un aujourd'hui, par excès de courage, d'économie, d'avarice ou de jalousie, veut cultiver lui-même toutes ses terres, s'exténue, les cultive mal et se suicide lentement. Un autre, par indifférence, égoïsme ou paresse, laisse une portion de ses champs en jachère ou ses vignes incultes. A côté d'eux sont des hommes qui demandent du travail et qui n'en peuvent obtenir, et qui meurent de misère, tandis que l'intérêt de tous serait que le travail fût équilibré entre tous les hommes, et qu'ainsi une plus grande quantité de produits fût créée. L'association fait disparaître ce vice, ce danger social. Celui qui est enrôlé dans le groupe des laboureurs ou des vignerons ne voit plus son sort à la merci d'un individu ; son droit de travailleur est sacré comme le droit de posséder de son voisin ; il travaillera concurremment avec tout autre tant qu'il y aura de la besogne à faire. Une agence supérieure reçoit ses plaintes et y fait justice, comme elle ferait justice aussi de sa paresse et de son inconduite. Dans tous les cas, son dividende, comme travailleur, sera proportionnel à son mérite reconnu et à sa part de travail exécuté.

⚜

En morcellement, chaque paysan est forcé de vendre ses denrées le lendemain de la récolte, autant par impuissance de les conserver dans de bonnes conditions que par nécessité de faire de l'argent pour payer ses fermages. Et comment se fait cette vente ? Il est arrivé à celui qui écrit ces lignes de vendre un jour quelques cents d'avoine à un marchand. Dans le même jour, cette avoine avait passé par l'intermédiaire de trois marchands, haussant toujours de prix, avant d'arriver jusqu'à l'aubergiste qui devait la faire consommer. Elle n'avait pas quitté les greniers du vendeur, chez lequel l'aubergiste la fit prendre. Seulement le producteur et le consommateur avaient payé un impôt à trois agents parasites qui avaient stérilement gagné sur eux. L'association a ses greniers de réserve, ses vastes celliers, ses entrepôts et ses bazars ; elle vend en gros et directement aux consommateurs, rendant ainsi à la production directe la moitié au moins de tous ces agents parasites du commerce. Telle colonie agricole, qui brille par ses vins, ses chanvres, ses grains ou ses huiles, envoie ses échantillons et traite sans intermédiaire avec les autres associations. Si l'associé a besoin d'argent, la banque locale, le comptoir d'escompte lui font, sans nul danger, des avances. Direz-vous que tout cela est impossible ? Prenez garde ! je vais prouver par des faits que j'ai observés moi-même, et dont je garantis l'exactitude, que tout cela existe dans une autre industrie.

Voici comment se fait sur les côtes de l'Océan, et notamment aux Sables-d'Olonne, la pêche et le commerce du poisson. La barque appartient au patron, qui la monte avec deux hommes et un mousse. Un marin ne travaille jamais à terre, et le soin de la barque, au retour, est confié à une femme, désignée sous le nom de garçonne, qui, à la marée basse, la lave sur toutes les faces, et est chargée de sa toilette. Tous sont associés et non salariés. La pêche est divisée en six parts. La barque, — le capital, — en prélève deux. Le patron a de plus son dividende comme travailleur, un autre sixième ; il a donc, en réalité, un tiers et demi ou moitié. Chacun des deux matelots a un autre sixième, et le dernier est partagé entre le mousse et la garçonne. Voilà l'association proportionnelle du capital et du travail ; mais ce n'est pas tout.

Le marin professant le plus souverain mépris pour toute fonction à terre, les femmes font le marché et vendent la pêche aux poissonniers qui l'expédient vers les villes de l'intérieur. Il arrivait qu'elles étaient mal payées et qu'elles se trouvaient à la discrétion des marchands, qui eussent cessé tout commerce avec une femme assez osée pour actionner et poursuivre en justice le payement de ce qui lui était dû. En présence de ce grave danger, c'est encore l'association qui est venue à leur secours. Plusieurs personnes riches ont réuni un capital, et fondé, sous le nom de monopole, un établissement auprès duquel chaque femme vient déclarer telle quantité de poisson, vendu tant, à tel marchand. Le monopole la paye, et il saura bien se faire rembourser. A marchand, marchand et demi! Par malheur, cet ingénieux mécanisme est une entreprise particulière et non un établissement municipal. C'est une assurance, mais qu'il faut payer, sans que ses bénéfices profitent à tous, ce qui aurait lieu si la commune prenait l'initiative.

Pourquoi ne le fait-elle pas? Pourquoi une idée aussi simple, aussi pratique, qui sauvegarde complétement l'intérêt du producteur sans blesser en rien la liberté de l'agent de circulation, du commerçant, pourquoi cette idée n'est-elle pas adoptée, développée, élargie, appliquée à l'agriculture? Se retranchera-t-on encore derrière ce terrible mot, — impossible! — en présence d'une institution qui existe?

J'ai nommé le département des Hautes-Alpes au sujet des grands troupeaux transhumants du Midi. Ce département pourrait nous offrir plusieurs faits d'association dignes d'intérêt. Je n'en signalerai qu'un seul. Il renfermait avant la Révolution un grand nombre de greniers d'abondance destinés principalement à venir en aide aux malheureux dans les années difficiles. Quelques-uns ont été rétablis sous l'Empire et sous la Restauration. Fondés d'abord grâce à des offrandes généreuses, ils se sont accrus par des legs faits en faveur des pauvres. Ces greniers font des prêts sur gages ou sur caution aux cultivateurs gênés, aux pères de famille surchargés d'enfants, qui manquent de semences ou de denrées nécessaires à leur existence. L'intérêt en nature payé par les débiteurs sert à maintenir leur réserve, à couvrir les dépenses de loyer, de manutention et de surveillance. On pourrait encore développer cette idée, féconder ce germe, et créer ainsi de véritables caisses d'épargne en céréales au profit des travailleurs de l'agriculture.

Et maintenant je dis que dans le monopole des côtes de l'Océan, et dans les greniers d'abondance des Alpes, il y a, pour qui veut ouvrir les yeux et voir, la solution de l'un des plus graves problèmes financiers de l'époque. Il y a là le crédit agricole.

Qui pourrait savoir combien de temps il faut à la raison pour avoir raison? Béranger l'a dit dans son admirable chant des fous :

> Combien de temps une pensée,
> Vierge obscure, attend son époux !
> Les sots la traitent d'insensée ;
> Le Sage lui dit : Cachez-vous !

Voici ce que je lis dans l'*Almanach de France* de 1842, rédigé par M. de Girardin, qui, à cette époque du moins, n'était pas socialiste. Il s'agit d'un fait observé dans l'arrondissement de Rambouillet, et qui rappelle les associations agricoles du moyen âge.

« Les onze frères B..., de la commune de Brières, canton de Limours, restèrent, il y a peu d'années, orphelins, mais avec quelque fortune. Les aînés étaient déjà grands et robustes ; la tutelle commune et l'éducation des plus jeunes furent confiées à trois oncles, hommes de grand sens et excellents cultivateurs. Ces braves gens administrèrent en commun cette succession que leur propre bien doit grossir un jour. Ils s'appliquèrent à élever dans l'amour du travail et la concorde fraternelle ces enfants à qui la Providence n'avait enlevé un père que pour leur en rendre trois. Bref, ils s'acquittèrent si bien de cette double tâche, qu'en arrivant successivement à l'époque de leur majorité, aucun des pupilles ne voulut réclamer son indépendance et demander compte de son bien.

» Aujourd'hui encore, la succession demeure indivise, et toutes les terres sont régies en commun. D'après les avis des trois tuteurs, avis que l'on suit comme des ordres, les cultures se distribuent selon la qualité et l'exposition des terrains ; elles s'équilibrent de telle sorte que les produits surabondants d'une ferme suppléent à tout ce qui manque dans une autre ; enfin il règne dans cette exploitation ainsi combinée une variété raisonnée et enchaînée de cultures, que l'on ne trouve ordinairement qu'au sein des grands domaines, réunis dans la main d'un seul propriétaire. Ce n'est pas que les frères B... aient continué de vivre en commun : chacun s'est établi dans une petite ferme. Plusieurs se sont mariés ; mais ce nouveau lien n'a pas détruit les premiers. Nous ne voudrions pas dire que chacun de ces cultivateurs ne regarde pas avec plus d'amour et de sollicitude les sillons les plus voisins de son petit manoir, mais à l'époque des grands travaux du domaine, quand il s'agit de labourer, de semer, de récolter, toutes les forces se réunissent.

» Tenez, monsieur, nous disait le cultivateur qui nous a donné ce renseignement, c'est à la vendange, à la moisson, à la fenaison qu'il faut les voir : chacun de ces gaillards-là n'a pas moins de vingt-deux bras à son service. Dès le matin, les onze frères sont réunis, chacun à la tête de ses ouvriers, et vous les voyez courir de clos en clos, de sillon en sillon, selon la maturité des récoltes ; en un clin d'œil, le vert de la prairie a disparu sous la faux, les gerbes sont couchées et liées ; la vigne, qui était noire, s'éclaircit ; et puis c'est un entrain, une gaieté dont vous ne vous faites pas d'idée ! Ils n'ont déjà qu'un pressoir et qu'un four, et l'on dit dans le village qu'ils vont faire construire une grange et un cellier pour eux tous. Les vaches paissent toutes ensemble, tantôt dans le pré de François, tantôt dans le pré de Jérôme; il ne leur manquerait plus que de rentrer le soir dans une seule étable. Et ce n'est pas tout! Faut-il, sur l'une des onze fermes, vingt chevaux pour un charroi? on les a le lendemain. A-t-on besoin de quinze charrettes d'engrais? on les amène, et l'argent ne manque pas, allez!... Tant y a qu'ils s'arrondissent chaque jour, et que la ferme à Jean-Baptiste, où il faisait si mal ses affaires, et dont personne ne voulait, ils l'ont reprise, eux, et la voilà en plein rapport. Comprenez-vous quelque chose à tout cela, monsieur? » .

Hélas! non, on ne comprend pas; on ne veut pas comprendre, et c'est là le malheur.

— Je me bouche les yeux quand le soleil m'éclaire,

comme dit notre vieux Mathurin Regnier. M. Dupin, M. Troplong applaudissent à l'association agricole; M. de Girardin s'incline devant ses prodiges ; M. Louis Reybaud prédit qu'elle se réalisera tôt ou tard, et dès qu'on leur demande de faire un *essai* d'association agricole, ils combattent et repoussent de pareilles tentatives, par cette seule et victorieuse raison que l'association est du socialisme!

Il y a dans cet inintelligent et aveugle entêtement un grave péril. Tandis que le libéralisme faisait des conspirations et des révolutions, tandis que l'économisme se bornait au rôle modeste de décrire comment les faits sociaux se passent, célébrant sur tous les tons le morcellement, la concurrence, l'individualisme, le *laissez faire, laissez passer,* le socialisme, au lieu de ce qui est, recherchait ce qui pourrait et devrait être, et creusait, élaborait toutes ces questions fondamentales et de détail, radicales et transitoires; si bien qu'à cette heure, je ne sache pas qu'il existe un fait acceptable, un progrès possible qui ne sommeille éventé depuis dix ans dans l'arrière-boutique de l'une des écoles socialistes, attendant l'heure du réveil et de la réalisation. Il est hors de doute que, si l'État n'avait pas la poste, il n'oserait la prendre par peur du communisme. Si donc on ne veut rien faire, rien tenter, rien innover, parce que désormais tout progrès, toute tentative, toute innovation rentre dans le socialisme, on en sort, il faut croiser ses bras, fermer les yeux et nous jeter dans l'abîme des révolutions, au fond duquel mugit la colère du peuple!...

Dans la commune associée, tous les travaux sont exécutés par des groupes nombreux, et joyeux par suite, ainsi que vient de le constater le fait pratique que nous a fourni l'Almanach de France. En régime morcelé, le paysan veut surtout obtenir de sa terre tout ce dont il a besoin et n'avoir rien à débourser. Ainsi, que la nature du sol s'y prête ou non, il faut, outre le champ qui produit le blé pour lui, l'avoine pour sa maigre haridelle, l'orge pour ses poules, la pomme de terre pour l'animal qui se nourrit de glands, comme disait Delille avec plus d'élégance que de justesse; — il faut que chacun ait son morceau de vigne, son coin de chanvre pour occuper sa femme et ses filles pendant les longs loisirs du triste hiver. Il faut un autre morceau de terre pour le jardinage, fût-ce dans le canton le plus rebelle à la culture maraîchère. Heureux s'il n'est pas forcé de creuser à grands frais un puits à côté du puits de son voisin! Enfin, il semble qu'on se soit posé pour problème d'obtenir les plus mauvais produits possibles par les procédés les plus dispendieux, les plus pénibles, les plus répugnants. En association, chacun ayant un droit proportionnel sur l'ensemble des produits, on met en œuvre un système d'assolement tout différent. Chaque canton est affecté exclusivement à la culture qui lui est propre. Les crêtes élevées se couronnent de forêts, les pentes arides, que le Midi féconde cependant de ses feux dévorants, se couvrent de vignes qui ravissent au soleil sa chaleur généreuse; les plaines regorgent de riches moissons, et les humides vallées se transforment en gras pâturages. Plus de haies, de bornes, de fossés, source de tant de procès, de tant de haines, de tant de ruines. Au lieu de ce triste laboureur qui va, revient, passe sans cesse, baignant son champ de ses sueurs et de son ennui, voyez ces groupes de travailleurs, ces attelages brillants qui luttent, ces charrues nombreuses qui fendent le sol, les joyeuses chansons qui se répondent, les plaisanteries qui se croisent!...

« Il n'est pas bon que l'homme soit seul. » C'est Dieu lui-même qui a laissé tomber cette parole aux premiers jours de la création. Semblable, en effet, au soldat sous les armes, l'homme a besoin de « sentir les coudes à gauche. » A cette condition, il n'est pas de labeur, si pénible et si malsain soit-il, qui ne puisse devenir attrayant.

Voilà un étang à nettoyer. L'eau est écoulée; il ne reste plus qu'une boue froide et infecte qu'il s'agit de rejeter sur les bords. Il faudrait un salaire bien élevé pour décider un homme seul à faire cette rude tâche. Au lieu de cela, appelez quinze ou vingt travailleurs et voyez-les à l'œuvre. L'odeur de la vase n'existe plus pour eux, le froid les trouve insensibles à ses atteintes. Une anguille qui apparaît est une source d'émotions inépuisables; on se plonge dans la boue, on s'en lance à l'envi; elle est transformée en un élément de plaisir. On fait circuler quelques bouteilles de vin vert et mordant, quelques gorgées d'eau-de-vie; on distribue au soir quelques poissons qui frétillent dans le bissac en attendant la poêle à frire, et, *sans salaire*, on a fait faire l'une des besognes les plus malsaines et les plus pénibles à des hommes qui ont envié le plaisir d'y prendre part.

Ce ne sera pas l'un des moindres bienfaits de l'association de faire disparaître l'isolement des travailleurs; et puis ce travail des champs, toujours pénible cependant, bien que simplifié par l'emploi de machines que le morcellement ne peut appeler à son secours, n'absorbera plus toute la vie, toutes les journées, tous les instants. Les groupes succèdent aux groupes, et d'autres fonctions alternent avec celle-là, ainsi que nous le dirons tout à l'heure. Nous voulons faire, non plus des paysans, des êtres ignorants, lourds, et pesants d'esprit et de corps; nous voulons faire des hommes, c'est-à-dire des êtres intégralement développés dans leur intelligence, dans leur corps et dans leur cœur. Si Dieu a donné au dernier chef-d'œuvre de la création, des sens, un cœur et une intelligence, ce n'est pas apparemment pour que l'on mutile et annihile tout cela.

Chaque famille possède au moins une vache. Il faut une étable pour chacune, un matériel de laiterie; il faut une femme ou un enfant pour la conduire aux champs et la garder. On va dépenser à la ville une journée pour porter sa livre de beurre, sa douzaine d'œufs, son lot de fruits ou de légumes. L'association remplace les quatre cents laitières et matériels par la fruitière, dont nous avons signalé l'existence en Hollande, dans le Jura et dans la Suisse, ce qui est pratique et possible, puisque cela existe. Un régiment ne bâtit pas mille écuries avec autant de portes, fenêtres, greniers, selleries, etc. Nous introduisons encore à cet égard ce qui existe dans les régiments, et, du reste, déjà sur une échelle moindre partout où il existe une colonie agricole, à Mettray et ailleurs. Je ne vise point ici à faire une œuvre de style, et je n'épargne pas les redites. Rien de tout cela n'est utopique, puisque tout cela existe. Mais c'est surtout dans la garde des animaux que nous rencontrons des avantages d'une portée immense. Les quatre cents génisses du morcellement exigent la surveillance de quatre cents personnes, qui, parfois, gardent fort mal. Fourier racontait l'histoire de trois vaches gardées par quatre jeunes enfants qui jouaient sur la route. Une vache était dans le champ du voisin; mais ce n'était celle d'aucun des quatre gardiens, et nul ne se dérangea de sa partie pour la remettre dans le sentier du devoir et du respect de la propriété.

L'association a de vastes communs dans lesquels les animaux n'ont pas besoin d'être gardés. Dans tous les cas, dix ou douze jeunes garçons, aidés d'autant de chiens, suffisent à la besogne qui emploie aujourd'hui tant de monde. Que de bras rendus au travail et à la production, que de jeunes enfants rendus à l'école! — Je renvoie à ce que j'ai dit à l'égard des troupeaux transhumants des départements méridionaux. Cette fois, au lieu de développer, nous n'aurons qu'à amoindrir. C'est une tâche facile.

On ne finirait pas si l'on voulait insister sur tous les points d'excellence de l'association. L'hiver, on ne peut nourrir sa génisse que de feuilles récoltées à l'automne, de foin, d'herbages secs. On a peu de lait, on ne fait le beurre que deux fois ou trois au plus par mois, après avoir fait légèrement chauffer le lait au four pour faire monter la crème on fait donc de mauvais beurre en petite quantité. Dans les fruitières, opérant sur de grandes masses, on fait le beurre chaque jour. Le produit est meilleur, plus abondant, plus économiquement fait. Les dividendes augmentent d'autant.

Chaque ménage a son four, sa provision de bois, son matériel de huches, pelles et fourgons. On ne boulange que toutes les deux ou trois semaines pour économiser la main-d'œuvre, le bois et le temps. Il y a bien dans quelques gros bourgs des boulangers, mais le paysan a peu recours à ses services; et puis, le boulanger est un industriel, dont l'intérêt est de vendre le plus cher posssible le pain le plus économiquement fait, c'est-à-dire le plus mauvais possible. L'association opère tout autrement. Mais déjà cette question des boulangeries communales ou sociétaires a été théoriquement étudiée et approfondie bien des fois, je crois donc inutile de m'y arrêter [1].

---

[1] Il y a depuis plusieurs mois à Nantes, — comme dans quelques autres villes, — une boulangerie sociétaire dont les résultats sont déjà très-satisfaisants.

A mon avis, l'organisation d'une commune agricole, essentiellement et exclusivement agricole, n'est pas la solution complète du grand problème social en face duquel le monde commence à comprendre enfin qu'il est placé. Il faut non-seulement rattacher au sol le paysan qui l'abandonne, en lui faisant une condition meilleure, acceptable pour être humain; il faut encore retirer des villes leur trop-plein, rétablir entre les champs et les cités l'équilibre de population rompu par la surexcitation industrielle aveugle et fatale des trente dernières années. En un mot, la commune associée doit être, à mon sens, une colonie agricole-industrielle. L'homme des villes ne peut, du jour au lendemain, devenir laboureur et rien que laboureur. D'un autre côté, l'une seule de ces industries ne développe qu'une partie de l'individu. Le villageois est robuste, bien portant, mais l'adresse chez lui ne vient point en aide à la force. L'ouvrier de l'industrie est plus leste, plus adroit, mais il reste étiolé et sans force.

Il me semble d'ailleurs que la question, envisagée à ce point de vue, ne s'écarte point des conditions du concours. Je me retranche du reste derrière les termes de cet adage romain : *Quod abundat non vitiat.*

Cette sorte d'hymen de l'industrie et de l'agriculture me paraît devoir être une chose d'indispensable nécessité. L'association appelant à son aide des procédés supérieurs, des machines inapplicables en morcellement, et qui simplifient tous les travaux, toutes les fonctions domestiques et agricoles, n'emploie pas désormais la moitié des individus dont on a besoin à présent. La part serait laissée trop large aux loisirs. Sans doute l'éducation, pour l'enfance, et les distractions intellectuelles, pour les adultes, absorberont une partie de ces loisirs. Mais il en resterait trop encore ; ajoutons que les travaux de la terre ont leur temps d'arrêt, leurs chômages forcés et qu'il faut utiliser. Cette double fonction agricole et industrielle n'a rien d'im-

possible, puisque cela existe ainsi dans bien des endroits,
et principalement en Suisse, ainsi que le constate le doc-
teur Villermé :

« En général, et c'est là un fait important qui ressort
de tout ce que j'ai vu, tandis que, dans les villes, les ouvriers se trouvent réduits à la plus affreuse misère quand
cesse la demande de leur travail, dans les campagnes leur
double profession de tisserand et de cultivateur diminue
pour eux les malheurs des crises industrielles. Ils doivent
encore à cette position particulière d'autres avantages qui
ne sont pas moins précieux ; ils vivent dans l'intérieur de
leur famille, et ont aussi plus de vertus domestiques que
ceux des villes. Voilà sans doute pourquoi les tisserands
disséminés dans les villages font encore assez souvent des
épargnes, et cela malgré la modestie de leurs gains, que
maintiennent d'ailleurs très-bas et la facilité de l'apprentissage, et la double profession de ceux qui quittent la na-
vette chaque fois que les travaux de l'agriculture les récla-
ment, pour y revenir ensuite aux heures pendant lesquelles
ils ne travaillent pas dans les champs. Cette double profession contribue donc au bas prix de la main-d'œuvre de
l'ouvrier employé comme tisserand, mais elle répand l'aisance dans les familles agricoles. » (Tome I, page 445.)

L'agriculture restera la base de l'organisation nouvelle.
Tout lui sera subordonné. La nature elle-même commande,
impose à l'agriculture cette suprématie. *Naturæ nisi pa-
rendo non imperatur,* a dit Bacon. Les saisons ont leur
cours impassible et régulier qui ramène les grands travaux dont on ne peut avancer ni retarder l'époque. L'industrie au contraire peut produire par avance, pourvu
qu'elle ne produise pas, comme aujourd'hui, que la concurrence la pousse et l'entraîne, en aveugle et sans proportion avec les besoins de la consommation. Elle peut
conserver ses produits dans le bazar ou l'entrepôt, et attendre l'instant prévu de la vente. La production indus-

trielle a donc besoin d'être réglementée par des statistiques qui feront connaître les besoins probables de la consommation et limiteront ou activeront les forces de la production.

En agriculture, ce danger d'une impulsion trop grande donnée à la production n'est pas à redouter. Si l'industriel ne peut vivre qu'à la condition de vendre le produit fabriqué, le villageois, lui, vit directement sur le sol et des produits du sol. Aujourd'hui, je le sais, deux ou trois années d'abondance qui se suivent peuvent occasionner la gêne du producteur, dont les blés, les vins ou les chanvres, n'étant pas recherchés, n'ont plus de valeur. Ce n'est pas parce que les champs produisent trop, c'est parce que les villes ne consomment pas assez. Depuis deux années, phénomène monstrueux et qui, à lui seul, donne la mesure de l'état imparfait et barbare de notre société ! depuis deux années, le paysan ne peut faire d'argent avec ses produits qui ne se vendent pas, tandis que le peuple des villes souffre de la faim.

Non, le peuple ne consomme pas ! Vingt-cinq millions de Français ne sont pas des consommateurs sérieux. Que ces vingt-cinq millions de prolétaires de la ville et des champs soient rendus au bien-être, qu'ils participent enfin aux jouissances de la vie sociale, et vous n'aurez plus à courir guerroyer par delà les Océans pour ouvrir des marchés et conquérir des débouchés, et la production et la richesse pourront s'élever à des proportions énormes. Aujourd'hui, la production enfante la misère !

Je n'ai point insisté sur le rôle capital laissé à l'éducation dans notre colonie industrielle-agricole, et je crois inutile de dire qu'elle sera de droit commun, et non plus le privilége et monopole de la richesse. Nous ne serons pas à cet égard moins avancés que ne l'étaient les associations du moyen âge :

« Dans les communautés rustiques, dit Denis Lebrun,

les frais d'étude, nourriture et éducation des enfants sont à la charge de la communauté. »

« Quand la communauté est de tous biens universellement, l'impense faite pour l'honneur des enfants de l'un des associez doit estre des biens communs... Vrai est quant à l'estude du fils et dotation de la fille, pource que ces charges ne sont pas pures volontaires, à respect du père à ses enfants. » (Gui Coquille.)

La Crèche, l'Asile, ces deux utopies réalisées, y seront établis dans les meilleures conditions, et cumuleront pour l'enfant ces deux avantages également indispensables : le bonheur de l'éducation collective et la garantie de la surveillance maternelle. L'école mutuelle deviendra plus professionnelle. Des ateliers-miniatures de toutes sortes seront ouverts aux enfants pour provoquer l'éclosion de leurs diverses vocations ; on utilisera leur incessante curiosité, leur infatigable activité, leur manie d'imitation. Soyez assuré que ce n'est pas en vain que la nature leur donne à tous ces penchants, si gênants aujourd'hui. Leur mobilité même, leur soif insatiable de changement sera mise à profit pour leur faire suivre de front plusieurs apprentissages. Il est peu d'hommes assez pauvrement doués pour n'être propres qu'à une seule chose. Quand une éducation intégrale aura intégralement développé les individus, ils pourront faire vingt métiers, grâce surtout à l'application du *mode industriel*, à la division du travail ; et il ne se produira plus ce fait déplorable, qu'un ouvrier sans ouvrage, parce que le feu, une faillite ou tout autre sinistre a brisé pour un temps son industrie, ne puisse plus être autre chose que terrassier, et exécuter une besogne grossière, qui ne peut mériter un salaire capable de faire vivre une famille.

J'ai indiqué, bien sommairement sans doute, mais le temps et l'espace font défaut dans un travail de cette nature ; j'ai indiqué, dis-je, les procédés d'association pour la production et la consommation. Il reste un point bien important encore, c'est la distribution de la richesse sociale proportionnellement aux droits de chacun.

Le produit brut pourra être divisé en quatre parts, inégales bien entendu. La première fera face aux dépenses générales, telles que primes d'assurances, constructions et entretien, achat de matériel, etc.

La seconde acquittera les droits du capital. Aujourd'hui les profits du capital sont, non pas en raison du taux de l'intérêt, mais en raison de la masse du capital. Ainsi, celui qui agit avec deux cent mille francs fera, toutes circonstances restant les mêmes, plus du double de bénéfices de celui qui agit avec cent mille. C'est ce principe bien connu qui fait aujourd'hui les associations, ou plutôt les coalitions de négociants, banquiers et industriels. On peut donc établir en principe que, pour le capital, les chances de richesse et de gain augmentent avec la richesse elle-même.

Le travail participe-t-il à ces chances heureuses du capital ? Pour nous édifier à cet égard, écoutons Adam Shmith, l'un des oracles de l'économie politique : « Aussi les maîtres en tout genre, dit-il, font souvent des marchés plus avantageux avec leurs domestiques et ouvriers dans les années de cherté que dans celles d'abondance, et, dans les premières, ils les trouvent plus soumis, plus dociles. » Cette soumission et cette docilité se résolvant en salaires incessamment abaissés à mesure que les objets de consommation augmentent de prix, on peut dire que les chances de pauvreté augmentent avec la pauvreté elle-même ; loi fatale du passé que le langage proverbial des nations a reconnu de tout temps : « La pierre va au tas. — *Abyssus abyssum vocat.* » Il me semble que l'association a le pouvoir de la détrôner au profit d'une loi plus juste.

Toutes les circonstances fâcheuses disparaissent avec l'association, qui, d'autre part, a la propriété d'augmenter dans une proportion énorme les forces de la production. Elle réalise des économies immenses, elle neutralise les effets désastreux de l'antagonisme et de la concurrence ; elle a, on le devine, son mécanisme de crédit, ses banques, ses comptoirs d'escompte, tous faits de détails qui exigeraient leurs développements; elle a ses entrepôts, ses greniers de réserve, ses assurances unitaires et contre tous risques. Agissant dans un milieu aussi favorable, on peut, sans injustice ni spoliation, réduire les profits des fonds lancés dans l'association industrielle agricole au taux légal de 5 pour 100, avec droit à des dividendes proportionnels au montant des intérêts annuels échus à chacun.

La troisième part acquitte les droits du travail et du talent, les salaires des ouvriers, les traitements des ingénieurs, surveillants, professeurs, chefs et directeurs de séries ou groupes de travailleurs. Le salaire sera basé sur un minimum correspondant aux nécessités impérieuses de la vie. Il doit assurer et garantir à chacun le logement, la nourriture et le vêtement. Ceci est de justice rigoureuse, et la vie est le droit de tout être qui naît. Il y a longtemps que Montesquieu a été, à cet égard, d'un avis contraire à l'arrêt impitoyable et si connu de Malthus. « L'État, dit l'auteur de l'*Esprit des lois*, doit à tous les citoyens une subsistance assurée, la nourriture, un vêtement convenable et un genre de vie qui ne soit point contraire à la santé. » (Liv. XXIII, ch. XXIX.) — Ce minimum est variable suivant l'âge, la force, le sexe, l'intelligence de l'ouvrier, qui a droit ensuite à des dividendes proportionnels au total des salaires gagnés dans toute l'année.

Quant à l'application de ce mode de répartition, il ne peut s'élever de grandes difficultés pour le capital. C'est une immense entreprise dans laquelle chacun possède un nombre bien constaté d'actions ou de coupons d'actions ; les droits de chacun sont clairs et évidents. Je ne cherche point à dissimuler que, pour le travail et le talent, la question est plus épineuse. Mais enfin il n'est pas impossible de comprendre qu'un registre témoigne du nombre de semaines, de journées, d'heures même de présence à l'atelier, aux champs, aux vergers ; le degré d'habileté de l'ouvrier, le danger attaché à tel détail de sa fonction. N'est-ce pas ainsi que les choses se passent aujourd'hui ? Dans la commune associée, toutes les places sont à l'élection ; chacun est nommé par ses pairs, qui ont intérêt à être dirigés par le plus digne et le plus habile, puisque les dividendes correspondent à l'excellence et à la qualité des produits. Si dans tel canton, tel groupe de laboureurs a été moins bien dirigé que tel autre, l'agence supérieure saura bien que la justice ordonne de proportionner le dividende au mérite.

Que si, après tout, quelque injustice de détail se glissait au sein de l'organisation nouvelle, celle-ci ne serait pas infirmée pour autant ; car alors ce serait nier l'existence de la société actuelle, puisque le désordre y est flagrant partout, et que l'on y voit trop souvent les gains, les salaires, les traitements des individus fixés en raison inverse de l'utilité sociale de leur fonction, de leur travail, de leur capacité.

C'est sans arrière-pensée que je repousse tout communisme et toute égalité de salaire ; mais enfin il faut accorder quelque chose aussi au désintéressement humain ; et on ne peut nier l'existence d'un régiment parce que deux officiers du même grade ont une paye égale, qui, au jour du combat, ne marchanderont pas pour cela leur courage et leur dévouement, et prouveront que cette égalité de salaire et de grade était une injustice ; et, en cela, la gloire sera leur mobile, plus encore que l'ambition et l'appât du gain. Or, il faut espérer qu'un jour viendra où l'atelier sera honoré à l'égal de la caserne, la production à l'égal de la destruction. L'association subsistera donc, malgré des vices de détail inévitables surtout dans les premiers temps.

Ce n'est pas tout d'assurer le bien-être de l'homme, d'avoir donné satisfaction aux légitimes aspirations de sa triple nature, sensitive, affective et intellectuelle. Une quatrième part de la fortune de l'association constituera un fonds de prévoyance sociale, destiné, suivant les ressources et les moyens dont on disposera, à entretenir les crèches et les asiles, à faire les premiers fonds des caisses de retraite et des sociétés de secours mutuels, à fonder l'asile de la vieillesse, les invalides des soldats de l'agriculture et de l'industrie.

Il est une éternelle objection que chacun a sur les lèvres, et que je ne puis dédaigner et passer sous silence. — Le travail est un frein, — a dit M. Guizot. Si tous sont heureux et dans l'aisance, qui consentira à travailler ? Je l'avoue, j'ai peine à comprendre que la paresse soit la destinée providentielle et fatale de l'homme. C'est bien plutôt l'action, l'activité, le travail. Peut-être y a-t-il là un malentendu, peut-être n'a-t-on pas su distinguer le fait éternel et divin, — la loi du travail, — du fait humain et modifiable, — l'organisation, le mode du travail. J'aime mieux adopter l'avis du grand penseur que je viens de citer déjà, de Montesquieu, qui me semble avoir parfaitement senti cette distinction : « Parce que les lois étaient mal faites, on a trouvé des hommes paresseux.... Avant que le Christianisme n'eût aboli la servitude civile, on regardait les travaux des mines comme si pénibles, qu'on croyait qu'ils ne pouvaient être faits que par des esclaves ou des criminels. Mais on sait qu'aujourd'hui les hommes qui y sont employés vivent heureux, on a, par de petits priviléges, encouragé cette profession ; on a joint à l'augmentation du travail celle du gain, et on est parvenu à leur faire aimer leur condition plus que toute autre qu'ils eussent pu prendre. » (Liv. XV, chap. IX.)

Les plus paresseux parmi les travailleurs ont dû être les esclaves. Les serfs devaient déjà être plus activement sollicités au travail. Les salariés aujourd'hui le sont davantage. Mais l'associé, ayant un avantage direct et profitant de *tous les fruits* de son travail, devra l'emporter sur eux tous. Or, puisque la condition des travailleurs a changé sans cesse pour s'améliorer toujours, et que chacune de ces amélorations a sonné l'heure d'une grande et bienfaisante transformation sociale, ainsi que Chateaubriant l'établit dans le passage que j'ai cité, je ne vois pas pourquoi ce qui n'a pas cessé de progresser serait subitement frappé d'immobilisme, et pourquoi le travailleur, qui a été tour à tour esclave, serf et enfin salarié, ne serait pas appelé à être associé.

Aujourd'hui chacun subit la profession que lui impose le hasard. Dans la commune associée, l'enfant sera excité à laisser éclore toutes ses vocations et sera libre d'accomplir sa destinée. Le travail est monotone, nous le ferons varié ; il est isolé, nous grouperons les travailleurs ; il est rétribué d'ordinaire en raison inverse de sa répugnance, nous ferons tout le contraire. Et si, malgré tout cela, il y a encore des paresseux, eh bien ! ils resteront pauvres ; et, justement déconsidérés, ils n'auront droit qu'au strict minimum que la société *doit*, suivant Montesquieu lui-même, à l'homme par ce fait seul qu'elle le dépouille de ses droits naturels. Au pis aller, ce sera comme à présent à leur égard, et l'association n'en existera pas moins avec tous ses avantages au profit des hommes actifs.

Faut-il s'étonner que l'on cherche au sein de la paresse un refuge contre le travail, quand on l'entoure de circonstances qui feraient des plaisirs mêmes un supplice ? La plus divine des jouissances et l'une des plus vives est d'en-

tendre jouer le *Cid*, *Guillaume Tell* ou le *Misanthrope,*
bien assis dans une stalle moelleuse, quand le froid du
dehors vous fait goûter la volupté d'une tiède température,
alors que les galeries étagent autour de vous, comme des
guirlandes de fleurs, ces femmes qui rivalisent de beauté,
de parures et de gracieux sourires. Au lieu de cela, sup-
posez un spectateur seul, isolé, dans une grange froide,
nue et mal éclairée, et faites représenter devant lui, sans
entr'actes, sans repos, trève ni pitié, le *Misanthrope*, qui
recommencera sans cesse, et tous les jours, toutes les semaines et toutes les années, ainsi qu'il en est pour son travail; et puis, au lieu de ce plaisir, de ce repos, de cette
paresse, laissez-lui le choix d'un labeur, tant rude soit-il, au
grand air, au milieu de groupes animés à leur besogne, et
vous verrez s'il optera pour le repos ou pour le travail,
pour la paresse ou pour l'action.

L'homme, et c'est fort naturel à mon avis, recherche ce
qui est attrayant et fuit ce qui est répugnant, et l'attrait ou
la répugnance d'une fonction dépendent uniquement de
l'organisation des plaisirs ou des travaux. De ce qu'on appelle
aujourd'hui plaisir on peut faire un ennui, un supplice même; tandis que du travail on peut faire un plaisir.
Tout dépend, je le répète, du mode d'organisation.

⚬⚬⚬

L'association, je l'ai dit, agit directement, fait elle-même
ses transactions, et supprime ainsi ces nuées d'agents inter-
médiaires qui tous, sans nulle utilité sociale appréciable,
spéculent aux dépens des producteurs et des consommateurs. Les agents parasites du commerce, les agents parasites de la répression, qui diminueront tout au moins de
nombre, tous ceux qui vivent des excès du morcellement
et de la concurrence, rendus à la production, à un travail
moins stérile et souvent moins rebutant, donneront une

impulsion nouvelle à la richesse générale, en même temps que ce même travail, exécuté par plus de bras, des machines plus puissantes et des procédés perfectionnés, laissera à chacun des loisirs légitimes et nécessaires. Les lots sont ainsi faits à cette heure : aux improductifs et aux oisifs tous les plaisirs, les excès, la satiété; aux travailleurs un labeur sans relâche, ou quelques rares plaisirs grossiers qu'on leur reproche. Il est de l'intérêt de tous, riches et prolétaires, que les bénéfices et les charges de la société soient répartis plus équitablement. Le travail ne demandant plus tout le temps de la classe la plus nombreuse au profit de la classe privilégiée, des loisirs seront laissés à chacun ; l'intelligence éteinte renaîtra dans ces cerveaux rétrécis et courbés si longtemps sous le joug de la misère. La vie sociale aura pour tous ses charmes et ses bienfaits ; et, dans la commune associée, à côté de l'église dont le clocher s'élance vers le ciel, s'élargira le cercle, avec ses lectures et ses causeries du soir, la salle de concerts, le théâtre même, le théâtre, la plus sublime expression du génie humain, qui résume et appelle à son aide tous les arts et toutes les sensations, qui séduit les sens, le cœur et l'intelligence, temple que l'architecture et la statuaire élèvent à la poésie et à la musique, à la peinture, à la danse, à la gymnastique, à la pantomime et à la déclamation.

Alors, on le comprend, le paysan ne désertera plus le village pour la ville; alors l'ouvrier pourra quitter la cité, ses vices et ses misères, pour le séjour enivrant de la campagne régénérée.

On rencontre des esprits mobiles et inquiets, des hommes très-richement doués parfois, que l'horizon étroit de l'atelier ou du village ne satisfait pas, et dont notre société ne sait faire que des vagabonds ou des forçats. On les enrôlera en colonnes mobiles de travailleurs agricoles, chargés plus spécialement des grands travaux d'utilité générale, tels que défrichements, irrigations et reboisement. Cette vie nomade et agitée en maintiendra un grand nombre. Quand aujourd'hui il est besoin d'exécuter les travaux de cette nature, l'appât du salaire arrache aux occupations des champs les laboureurs, qui n'y reviennent guère. Puisqu'il est légitime de décimer chaque année la population pour les besoins meurtriers de la guerre, ne doit-il pas l'être mille fois davantage de lever ces généreuses phalanges qui seront, si l'on veut, les déversions de population de M. L.-N. Bonaparte, ou les armées industrielles de Fourier.

Pour n'être qu'une question incidente et accessoire, la question du reboisement n'en est pas moins capitale à mon avis. Sa solution pourrait exercer un immense effet sur le rendement du sol, tant par la valeur propre des forêts que par la sécurité qu'elle assurera dans l'avenir aux richesses du globe. Outre que le bois se fait rare et que le sol est appauvri de cette richesse, il est évident que les hautes forêts exercent une grande influence sur les phénomènes électriques : que si les montagnes, les collines élevées étaient couronnées de forêts, le régime des eaux serait équilibré; que les vapeurs seraient uniformément attirées et absorbées; que les vents, cardés et brisés dans leur course par les pins majestueux et les chênes centenaires, ne porteraient plus dans les vallées le ravage et la destruction; que les eaux, au lieu de rouler en torrents dévastateurs le long des pentes dénudées, s'infiltreraient également et peu à peu; que les terres retenues aux flancs des collines n'iraient plus combler et élever le lit des fleuves, qui débordent et déborderont de plus en plus fréquemment, portant la ruine et la mort dans les plaines où ils devraient entretenir la fertilité et la vie.

Nécessairement et fatalement l'individualisme et le morcellement promèneront de plus en plus leur hache dévastatrice dans les forêts. Oh! combien étaient merveilleusement bien inspirés les peuples anciens quand ils mettaient les bois sous la protection des divinités, et que, donnant le tronc de chaque arbre pour retraite à quelque nymphe protectrice, ils faisaient retentir sous ces voûtes mystérieuses et sombres la voix des dieux mêmes, des oracles et des Égéries! Qui sèmera des futaies qui ne commenceront à donner quelques revenus que dans vingt ans, et qui exigent un siècle avant d'être parvenues à toute leur valeur? On a calculé déjà dans combien d'années les plus riches bassins houillers, gaspillés par le morcellement et la concurrence, cesseront de prodiguer à l'homme leurs trésors éphémères. Les bois de construction diminuent et disparaissent à vue d'œil, et l'on se demande déjà avec effroi où bientôt on ira chercher de quoi réchauffer nos membres, cuire les aliments, donner la vie aux machines.... L'association, qui ne meurt pas, qui voit les choses d'un point de vue plus élevé et qui fait présider à tous ses actes le sentiment religieux de la solidarité, l'association seule exécutera ces grands travaux et reboisera le globe, grâce à ses armées industrielles.

Il appartenait à Bernard de Palissy, ce sublime potier qui avait tant souffert de la disette du combustible et qui jetait ses meubles à la flamme pour cuire ces chefs-d'œuvre devant lesquels notre siècle s'incline encore, de pousser le premier cri d'alarme, et, tout en signalant le mal, d'indiquer un palliatif dans son livre des *Moyens de devenir riche par l'Agriculture*.

« Il me semble qu'il n'y a trésor au monde si précieux, ni qui deust estre en si grande estime que les petites gistes des arbres et arbustes, voire les plus méprisés. Je les ai en plus grande estime que non les minières d'or et d'argent. Et quand je considère la valeur des moindres gistes des arbres ou espèces, je suis tout esmerveillé de la grande ignorance des hommes, lesquels il semble qu'aujourd'huy ils ne s'étudient qu'a rompre, couper et déchirer les belles

13.

forêts que leurs prédécesseurs avaient si soigneusement gardées.

» Je ne trouverais pas mauvais qu'ils coupassent les forêts, pourvu qu'ils en plantassent après quelques parties; mais ils ne se soucient aucunement du temps à venir, ne considérant point le grand dommage à leurs enfans à l'advenir.

» Je ne puis assez détester une telle chose, et ne la puis appeler faute, mais une malédiction et un malheur à toute la France, parce que après que tous les bois seront coupés, il faut que tous les arts cessent et que les artisans s'en aillent paître l'herbe, comme fit Nabuchodonosor. Je trouve une chose fort estrange que beaucoup de seigneurs ne contraignent leurs vassaux de semer quelques parties de leurs terres de glands, autres parties de châtaigniers, autres parties de noyers, qui seraient un bien public et un revenu qui viendrait en dormant; cela serait fort propre en beaucoup de pays, là où ils sont contraints d'amasser les excremens des bœufs pour se chauffer, et en d'autres contrées ils sont contraints de se chauffer et faire bouillir leurs pots, de paille. N'est-ce pas là une faute et ignorance puplique? »

Il est à cette heure en France bien plus d'hommes qu'il n'en faut, propriétaires et travailleurs, capitalistes et prolétaires, pour faire, avec conviction et dévouement, ces tentatives de colonies industrielles-agricoles basées sur l'association libre et proportionnelle du capital et du travail. Mais ils sont disséminés sur tout le territoire du pays, ils ne peuvent rapprocher leurs héritages, leurs capitaux, leur force et leur bonne volonté. Mille obstacles de position, mille devoirs de famille les séparent. L'État seul pourrait patroner ces entreprises et se mettre à la tête du progrès. Il ne faut pas s'abuser, les résultats ne seront pas immédiats, et il s'agit de fonder pour l'avenir. Or l'individu meurt, la famille se dissout, l'Etat, lui seul, recueillera dans l'avenir la récolte que le présent va semer. C'est donc à l'État, qui aura les bénéfices, à supporter une partie des charges. Ce sera de l'argent mieux placé que celui que l'on jette incessamment et stérilement dans cet abîme sans fond où tombe la misère et d'où remonte le crime, que celui qui sert à réprimer l'émeute et à réparer ses désastres.

Ah! sans doute il vaudrait mieux élaborer ces questions et faire ces essais pendant les loisirs de la paix, alors que l'argent circule à flots dans les veines du corps social et porte jusqu'aux extrémités les plus éloignées la santé, la force et la vie. Mais enfin, puisque c'est l'éternelle folie des gouvernants de mettre leur espoir dans la résistance et la compression, d'élever en travers du fleuve qui marche et marchera toujours une digue impuissante qui fait monter ses ondes avec sa colère jusqu'à ce qu'il déborde et ravage les champs qu'il devrait féconder; puisque le passé nous a légué ce fatal héritage de guerres et de révolutions que nous ne pouvons répudier, travaillons à tirer de ces misères un enseignement utile, et, si la leçon est chère, qu'elle profite au moins!

Est-il donc impossible à la France de se créer de nouvelles et abondantes ressources? On ne connaît guère aujourd'hi que deux procédés pour remplir les caisses épuisées de l'État : l'emprunt, c'est-à-dire l'endettement; et l'impôt, qui pèse sur la production d'abord et sur la consommation ensuite; qui appauvrit les sources du fleuve, pour venir après puiser dans son lit desséché. C'est la terre et ses produits, pour la meilleure part, c'est l'agriculture, c'est la campagne qui paye l'impôt; c'est pour l'embellissement des villes, pour le bien-être des citadins que se dépense cet impôt payé par la campagne. Et ce n'est pas le tout que l'impôt qui pèse sur la propriété soit le plus lourd de tous, c'est encore le plus injuste, puisqu'il grève un produit qui n'est pas créé, qui ne le sera peut-être pas, ou qui sera peut-être détruit, dans les cas assez fréquents de grêle, gelée, incendie, inondations, etc. Je sais plus d'un propriétaire qui a dans ses caves trois et quatre récoltes de vins, et qui, n'ayant de la propriété que ses charges, n'en voit pas moins peser encore sur lui tout le fardeau de l'impôt foncier.

Après vingt-cinq années de luttes terribles, la République et l'Empire nous avaient légué, en 1815, une dette publique de quatre-vingts millions. Deux dynasties, après trente années de paix, nous laissaient pour adieux une dette qui dépasse trois cents millions. En présence d'un pareil résultat, où est donc le danger d'essayer un autre système financier? On a la certitude de ne pouvoir rencontrer pire et tomber plus mal.

Rien de plus juste que de payer les services que l'on nous rend. L'Etat nous rend celui de transporter nos lettres, papiers, capitaux, journaux et imprimés. Il y a gagné beaucoup de millions, c'est au mieux. C'est principalement la ville qui use de la poste; le paysan écrit peu, voit peu de journaux, envoie et reçoit peu d'argent, et pour cause. Chacun ne paye qu'en proportion exacte du service rendu, et la campagne n'est pas pressurée, et la production et la consommation ne sont gênées en rien. L'impôt de la poste est donc parfaitement assis et parfaitement établi.

Mais si l'Etat transporte nos lettres, pourquoi ne nous rendrait-il pas le service de transporter également nos personnes et nos bagages? pourquoi n'aurait-il pas les messageries et les roulages, les chemins de fer et les canaux? Est-ce qu'il n'y a pas là pour lui des sources inépuisables de millions? Dans tout cela encore chacun ne paye que tout juste en proportion du service rendu, et la ville, qui profite surtout, paye la meilleure part et dégrève d'autant l'agriculture. Il y aurait bénéfice immense pour tous; car l'Etat, grâce aux facilités que donne l'unité d'action, pourrait agir à bien meilleur marché que ces milliers de com-

pagnies rivales, obligées d'entretenir des personnels rui-
neux et un matériel souvent inutile.

Les mines, les salines, sont un produit naturel, des
richesses qui appartiennent à la société et à elle seule, et
que l'Etat seul doit exploiter. L'Etat paye des ingénieurs
des mines, et il n'a pas les mines. Il est vrai qu'il élève
des ingénieurs civils et qu'il laisse les travaux aux compagnies.

Les assurances seraient de même une source de bien
grands bénéfices, en même temps que ce serait pour tous
une sécurité inappréciable. Le bénéfice serait composé,
car aujourd'hui l'individu ruiné par un sinistre quelcon-
que retombe à la charge de la société. L'assurance générale, unitaire, obligatoire, est le complément et la conséquence nécessaire de l'impôt. Celui-ci en effet est une
portion que chacun sacrifie de son revenu pour être assuré
de la libre jouissance du reste. L'assurance se propose le
même but et n'a pas une autre définition. Elle est la réalisation au matériel de la solidarité et de la fraternité prê-
chées au monde par le Christ il y a dix-huit siècles et
demi. Le crédit agricole a besoin d'être garanti par les
assurances; il ne peut être sérieusement organisé sans
elles.

Tout cela a été dit et répété à satiété, développé et prouvé
cent fois, et l'on ne fait rien, et l'on n'essaie rien. Faut-il
dire pourquoi? C'est que ceux qui ont pouvoir et mission
d'entrer dans la voie de ces grandes réformes financières
qui sauveraient la société agonisante, ceux-là, en grand
nombre, sont les mêmes qui profitent et vivent de ces abus.
L'avocat et le notaire vivent des excès du morcellement
agricole; le banquier profite des fonds qui ne vont pas à
la propriété foncière. L'avocat, le banquier, le notaire,
cette trinité puissante, ce dieu en trois personnes de la
société moderne, ne peuvent raisonnablement désirer la
réforme des abus qui les enrichissent. Or l'avocat, le ban-

quier, le notaire, sont encore députés, ou font et défont
les députés, qui font les lois.

Cela m'amène à parler de la banque, dont je n'ai rien
dit et dont il y a le plus à dire, qui s'appelle Banque de
France, et qui n'est qu'une banque de banquiers. Les services qu'elle rend et qu'elle se fait payer seraient bien mieux
rendus par l'Etat et bien plus utilement payés entre ses
mains. Il n'est pas de réforme agricole qui ne soit subordonnée à la démocratisation du crédit : or il ne sera démo-
cratisé que lorsqu'il sera entre les mains de l'Etat.

Le crédit agricole existe en Ecosse, en Prusse, en Angleterre, en Allemagne, et nul ne songe à le réaliser en
France.

La terre est le gage le plus solide, le plus sérieux. Ce
gage, qui ne peut être anéanti ni déprécié, augmente incessamment de valeur avec le temps, tandis qu'à l'exception du sol tout baisse de prix avec le temps. Et cependant
le paysan, avec ce gage sans pareil, emprunte à des conditions mille fois plus dures que ne le fait le commerçant,
qui bat en quelque sorte monnaie avec sa signature. L'impôt foncier s'élève à quatre cent vingt-deux millions, et les
douze ou treize milliards de dettes hypothécaires font monter
l'impôt que l'usure enlève à la propriété foncière à douze
cents millions.

On sent si vivement la nécessité d'échapper au système
financier actuel, que des tentatives en ce sens se manifes-
tent déjà. Ainsi, en Bretagne, dans le Morbihan, le conseil municipal de Pleucadeuc vient de décider la formation
d'une banque communale au capital de 10,000 fr., prêtant
sur obligations aux habitants de la commune aux intérêts
de 6 p. °/₀ par an.

Les idées que je viens d'émettre ne portent nulle atteinte
à la production industrielle et agricole, laissée tout entière

et absolument à l'industrie privée. Que ce point soit bien clairement établi et sans équivoque. L'Etat s'empare seulement de tout ce qui est service public, et rien de plus. De deux choses l'une : ou bien il n'a pas le droit d'avoir la poste, ou bien c'est son devoir de reprendre les autres services publics.

Pour ne pas renverser brusquement des positions acquises, et pour éviter d'avoir à payer aux industries dépossédées des indemnités impossibles à solder d'un seul coup, on se bornerait à faire tout d'abord, et en l'annonçant à l'avance, concurrence à ces spéculations. La concurrence est de droit commun. Un industriel peut ruiner, dans son intérêt privé, les industries rivales; on a vu mille fois des faits de ce genre, dans les messageries, par exemple. L'Etat a bien le droit de faire dans l'intérêt de tous ce qu'un industriel fait chaque jour dans son intérêt personnel. Toutes les concurrences disparaîtront devant la sienne, peu à peu et sans perturbation sociale. Les compagnies qui ne liquideraient pas et voudraient soutenir une lutte impossible n'auraient à s'en prendre qu'à elles-mêmes d'une ruine inévitable. Ce seraient des capitaux déplacés, sans nul doute; mais où est le mal? La spéculation et l'industrie surexcitées ont absorbé tout le numéraire, tandis que l'agriculture n'a ni crédit ni argent. L'Etat s'emparant des services publics tue la spéculation et fait refluer les capitaux particuliers vers l'agriculture, qu'il dégrève en même temps, grâce aux revenus qu'il se crée. C'est un double bienfait, voilà tout. Il y aura quelques positions brisées, mais qu'y faire? Qu'importe un intérêt particulier en présence des grands intérêts généraux, et où s'arrêter dans cette voie? A-t-on eu tort de renverser l'échafaud politique, et faut-il renoncer à l'espérance de voir disparaître la peine de mort parce que les bourreaux ont une position acquise et que cela brise leur avenir? Quel est le progrès, quelle est la machine nouvelle dont l'introduction n'ait pas occasionné un instant de crise partielle et momentanée ?

Si l'Etat, comprenant son rôle, se met à la tête de ces initiatives généreuses; si le plan que je n'ai pu qu'esquisser rapidement paraît trop hardi et d'une application trop compliquée, il est facile d'essayer tout au moins l'association des travailleurs.

Un crédit étant mis à sa disposition pour l'érection de colonies agricoles, il en établit une certaine quantité soit en utilisant les terrains qui peuvent être défrichés et mis en culture, soit en expropriant les possesseurs de domaines susceptibles de se prêter à ces expérimentations. Jamais certes expropriation pour cause d'utilité publique n'aura été plus légitime.

Chaque colonie se composerait de cent familles environ, dont les membres résumeraient les différentes industries à peu près dans les proportions suivantes : un tiers au moins seraient agriculteurs, un autre tiers exerceraient l'industrie manufacturière, un sixième se composerait d'ouvriers dont la profession se rattache à l'agriculture, tels que forgerons, charrons, bourreliers.....; un autre sixième d'ouvriers de métiers utiles partout, menuisiers, maçons, charpentiers.....

L'Etat serait représenté par un directeur, agronome éprouvé, qui, au début et avant que tous ces hommes se fussent vus à l'œuvre, choisirait ses contre-maîtres et donnerait l'impulsion et la direction aux travaux.

Toutefois les colons eux-mêmes interviendraient dans la gestion générale en nommant un conseil de dix ou douze membres qui, présidés par le directeur, délibèrent sur les intérêts de la colonie, contrôlent la comptabilité, etc.

Comme il est bien évident qu'il est moins dispendieux d'élever un hôtel pouvant loger cent familles que de bâtir cent maisons, on édifie un vaste bâtiment qui contient autant d'appartements, bien clos et bien séparés, que l'on désire loger de familles. Les buanderies sont communes, ainsi que les cuisines..... Je ne veux pas revenir ici sur ce que j'ai dit déjà.

Ce n'est point une spéculation que l'on veut faire. Aussi il n'y a dans notre colonie ni marchands, ni boutiques, ni commerce intérieur. Le conseil d'administration fait toutes les provisions en gros directement aux lieux de production, et les distribue au prix de revient.

Les profits de l'association sont partagés entre les colons proportionnellement au droit de chacun, droit basé sur son travail et son intelligence, ou bien également entre les travailleurs d'une même catégorie. Le conseil, présidé par le directeur, décide de ces questions et établit les diverses catégories. Quant au *minimum* de ces salaires, il est établi d'après le prix moyen des salaires actuels pour chaque profession et dans chaque contrée.

Comme il faut que les colons aient un intérêt direct à l'accroissement de la production, ils ont droit, outre ce *minimum*, à des dividendes proportionnels à leurs salaires généraux.

L'Etat étant réellement au lieu et place du propriétaire, et les travailleurs ayant le rôle du fermier, la colonie lui paye l'intérêt à trois pour cent des sommes déboursées pour son établissement. Chacun paye en outre un loyer proportionnel à l'importance du logement qu'il occupe.

On pourrait établir un fond de réserve destiné à fonder les asiles de la vieillesse et à rembourser et amortir le capital, élevant ainsi le prolétaire au rang de propriétaire. L'Etat rentrerait alors dans ses déboursés et trouverait un bénéfice direct à faire ainsi, de prolétaires et de pauvres qu'il soutenait à grands frais, des propriétaires qu'il pourrait imposer.

Il va sans dire que des écoles d'agriculture seraient

annexées aux colonies agricoles sur quelques bases qu'on les établisse.

—⊶◦⊷—

Je me résume.

Le capital et le travail sont aujourd'hui deux ennemis en présence. C'est un fait que l'on peut déplorer, mais qu'il n'est plus temps de nier et dont il faut tenir compte. Tâchons de solidariser leurs intérêts dans l'association. J'ai démontré que cette association doublerait, décuplerait parfois les forces de la production et les économies de la consommation. Isolés, ils ne peuvent rien ; associés, ils réalisent la fortune et le bonheur ; ils auront donc tout intérêt à rester unis. Mais nous leur conservons toute liberté de se séparer et de continuer leur antagonisme.

L'agriculture a ses époques de chômage, comme l'industrie a les siennes. La première donne à l'homme force et santé ; mais elle le laisse gauche, maladroit, grossier. L'industrie donne à l'ouvrier l'adresse et l'intelligence ; mais elle le fait grêle, étiolé, démoralisé. J'ai tenté de marier le travail agricole au travail industriel pour faire disparaître les fâcheux effets de l'un de ces travaux exclusifs.

Le paysan déserte obstinément le village ; l'ouvrier des villes meurt plutôt que de retourner aux champs[1]. J'ai construit un bâtiment unitaire au sein duquel on peut rassembler tous les avantages de la ville et remplacer ses décevants prestiges par tous les agréments de la vie sociale telle que l'homme a le droit de l'exiger, et telle que le village actuel est impuissant à la réaliser.

J'ai groupé les individus pour le travail et la production, mais j'ai laissé à l'individualisme toute latitude, toute liberté pour la consommation. Je suis d'autant plus disposé

---

[1] J'ai développé les causes et les conséquences de ce double fait dans le mémoire que j'ai déjà cité : les Paysans au dix-neuvième siècle, qui pourrait servir de préface à ce livre.

à faire à cet égard la part très-large, que je crois qu'on n'en abusera pas. Je vois que partout, et dès qu'ils le peuvent, les hommes se recherchent et s'assemblent pour le travail comme pour le plaisir ; que les réunions qui rapprochent les hommes et les femmes sont plus attrayantes, plus décentes, plus raffinées que celles qui ne réunissent que les hommes ; que beaucoup préfèrent le restaurant et la table d'hôte au repas solitaire ; que même les familles regardent comme une fête leur réunion dans les nombreux festins ; je crois que quand, sur une grande agglomération, on pourra se connaître et se choisir mieux, on tendra sans cesse à se rapprocher et à fuir la solitude.

J'ai ouvert la crèche et l'asile dans l'édifice qui abrite notre colonie industrielle-agricole, parce que je crois qu'aujourd'hui les enfants n'ont pas, dans les familles laborieuses surtout, les soins dont ils ont besoin et qui leur sont dus, et que d'ailleurs ils sont heureux réunis, ennuyés et maussades au milieu d'adultes et de vieillards que leur bruit et leur activité importunent. Mais nul n'est forcé d'y placer son enfant. Cela, tout au plus, évitera à bien des parents la nécessité de l'envoyer en nourrice, souvent à de grandes distances et loin de toute surveillance.

J'ai élargi l'enseignement professionnel un peu aux dépens de l'enseignement universitaire, je l'avoue. Il faudrait ici développer ma pensée, ce qui nous entraînerait hors de notre sujet. C'est peu important d'ailleurs puisque chacun n'en reste pas moins libre, au sein de la colonie agricole, de relâcher les liens sacrés de la famille et d'envoyer son fils à cinquante lieues de chez soi, *ne pas apprendre* pendant dix ans à faire des thèmes grecs et des vers latins. Je voudrais plus de langues vivantes, de sciences et d'arts, moins de langues mortes et de philosophie ancienne. Plus de choses et moins de mots. En principe, il faut apprendre dans l'enfance ce que l'on fera étant homme. Quant au reste, c'est une affaire de discussion qui n'a point à nous occuper ici. Il suffit que nous laissions à cet égard liberté absolue à tous.

Je crois avoir démontré que l'association avait la propriété d'augmenter dans une proportion considérable la fortune sociale, tant par les économies qu'elle réalise que grâce à l'impulsion et à la puissance qu'elle imprime au travail. Et j'ai dit que cette fortune sociale serait divisée en quatre parts inégales. La première est affectée aux dépenses générales, impôts, assurances, etc.; la seconde solde les intérêts des capitaux; la troisième acquitte les traitements et les salaires; la quatrième constitue le fonds de prévoyance sociale.

Tous les travaux sont exécutés par des groupes de travailleurs qui nomment celui qui les dirige et les surveille. Ces différents groupes dépendent plus ou moins directement de telle industrie, de celle des céréales ou des fers, de la viticulture ou des cuirs, etc. Les chefs des groupes qui se rattachent ainsi à la même industrie nomment les chefs qui président à cette industrie principale, et ainsi de suite, jusqu'à l'agence supérieure, de telle sorte que l'élection monte toujours de bas en haut, que chacun exerce son droit électoral, et ne l'exerce que dans la proportion des choses qu'il sait, qu'il comprend et qui lui importent.

Comme dans notre colonie il est des fonctions qui sont spécialement le partage des femmes, et que ces travaux sont soumis au même organisme, il en résulte forcément qu'on leur accorde l'exercice de leur droit électoral entre elles et pour toutes les choses de leur spécialité. En faisant justice des rêveries du saint-simonisme, j'ai fait observer cependant qu'aujourd'hui la part sociale des femmes était évidemment trop petite. Il me semble qu'ici nous évitons ces deux extrêmes et que nous réservons à la compagne de l'homme le rôle qui lui est dû.

L'agence supérieure distribue les dividendes entre les diverses séries ou grandes industries principales; les chefs de série entre les divers groupes, les chefs de groupes entre les membres qui les composent. Comme chaque capitaliste aura des capitaux engagés dans plusieurs branches d'industrie; comme chaque travailleur sera occupé dans divers ordres de travaux, industriels ou agricoles; comme celui qui sera chef de telle série ou de tel groupe ne sera que simple travailleur dans tel autre groupe ou série, il y aura contre-poids partout, impossibilité de frauder, absence d'intérêt à le faire.

Rien de tout cela ne me semble impossible, difficile même. Est-on d'un avis contraire ? Soit ! Alors on réglera, comme à présent, que tous seront payés également, à la journée, ou inégalement, à la tâche. J'indique des procédés que je crois supérieurs, plus justes, applicables et pratiques, mais dont l'absence n'infirme en rien l'association elle-même. Je l'ai déjà dit : *Quod abundat non vitiat.* Je ferai la même réserve relativement à l'unité de demeure. Elle a existé, elle existe encore, je l'ai démontré; elle est donc possible. De plus, dans ma conviction, il est tout aussi moral et infiniment plus agréable et avantageux d'occuper un appartement dans le Palais-Royal, que d'habiter l'une des six ou huit maisons bourgeoises et des quatre cents boutiques, bicoques, masures et chaumières qui constituent une commune actuelle. Si l'on pense autrement, on peut fort bien s'associer pour le travail agricole et industriel, et demeurer loin les uns des autres. Aujourd'hui, du reste, que l'on construit officiellement à Paris des Cités Ouvrières, dont le président de la République, se rappelant un moment qu'il a écrit l'*Extinction du Paupérisme,* pose la première pierre que bénit l'archevêque, on doit pouvoir prôner les avantages du rapprochement des familles dans un édifice unitaire, sans encourir toutes ces terribles et banales accusations qu'un tel projet n'eût pas manqué de soulever il y a peu d'années [1]. L'érection première de l'édifice

---

[1] Il faut se rappeler que ce mémoire a été écrit au commencement de 1849.

14.

unitaire sera dispendieuse, sans nul doute, mais nous trou-
vons odieuse et homicide la manière dont est logé aujour-
d'hui le peuple des campagnes, et surtout des villes, et
nous ne voulons plus de ces spéculations économiques qui
escomptent la vie de l'homme. Que l'on songe de plus que
la cité ouvrière existera des siècles sans grosses réparations,
et que, pendant ce temps, vous aurez rebâti vingt fois vos
chaumières et vos masures. Cela aussi doit entrer dans le
calcul.

J'ai esquissé deux solutions ; on peut les modifier, les
développer, les restreindre, et il me serait facile d'en indiquer bien d'autres. Mais il ne faut point donner une importance trop grande au mode d'association. Ce qui convient à une industrie convient moins à une autre. Il s'agit
d'un essai à tenter, et, quoique l'on fasse, on commettra
des erreurs, et la réalisation aura à rectifier bien des idées
préconçues. Si l'on élève plusieurs colonies à la fois, il sera
bon d'expérimenter concurremment plusieurs procédés.
Une seule chose est importante : l'association. C'est le grand
desideratum vers lequel il faut tendre de toutes nos forces
et de tous nos moyens. Et si ce n'est rien qu'une utopie
sociale, marchons vers elle comme nous marchons vers
l'Évangile, ce royaume de Dieu, cette utopie divine, qui
n'est pas réalisée encore après dix-huit siècles et demi, et
n'est pas près de l'être.

—◦◦—

Je n'ai point parlé de la famille. C'est qu'il ne m'a pas
semblé qu'il y eût à cet égard matière à discussion. Je ne
sache pas qu'aucun réformateur moderne ait songé à la
supprimer, et je n'ai rencontré ces accusations calom-
nieuses que dans la bouche de ceux qui étudient le socia-

Depuis on s'est aperçu que les Cités Ouvrières étaient du socialisme pur, et
l'on s'est empressé d'abandonner les travaux commencés. C'est la confirmation
de ce que j'ai dit à la page 132.

lisme avec l'intelligence et la bonne foi d'un musulman qui approfondirait le Christianisme dans Voltaire et dans Diderot.

J'accepte donc la famille telle qu'elle est, et il va sans dire que dans notre colonie agricole il y aura un maire et un curé, et que les registres de l'état civil seront tenus comme partout ailleurs. Je repousse même, quant à présent du moins, le divorce, cette soupape de sûreté du mariage. Il faut, pour qu'il soit admissible, que l'état des enfants soit plus sérieusement garanti qu'il ne l'est ni ne peut l'être à cette heure. S'il est des institutions qui peuvent arriver à cette fin, alors, mais seulement alors, on pourra s'occuper du divorce.

Trop souvent les plus graves discussions reposent sur des malentendus et des querelles de mots. Ainsi, on confond d'habitude le *ménage* avec la *famille*. Aux champs, le ménage est dans toute sa simplicité primitive et élémentaire. La compagne du villageois manipule la farine, pétrit le pain, cuit et prépare les aliments, presse le lait et le fromage, file la laine ou le chanvre qui seront la chemise, le gilet ou les bas, fait les lits, restaure les vêtements, soigne les marmots..... Il lui faut plus d'aptitudes diverses et de talents variés qu'elle n'en dépensera dans la colonie associée au sein de laquelle chacun fera dix métiers, grâce à la division du travail que nous emprunterons au mode industriel. Dans les cités, si l'on ne dîne pas au restaurant ou à table d'hôte, on a tout au moins des domestiques chargés de ces embarras; on a des bonnes d'enfant, on prend son pain chez le boulanger, sa viande chez le boucher commun, ses fruits et ses légumes chez le fruitier; on fait blanchir son linge en ville..... Est-ce à dire que la famille est détruite à la ville, et qu'elle n'existe plus qu'au village? L'association simplifiera encore le ménage, mais sans toucher à la famille. Bien au contraire, dégagée de tous ces ennuis, de tous ces écueils, de toutes ces entraves, elle brillera d'un éclat plus vif et plus pur, fondée seulement sur la mutuelle affection et le dévouement.

L'excursion historique que nous avons faite dans le passé, nous a permis d'observer un double courant d'idées qui se déroulent à travers les siècles, luttant sans cesse, et qui vont bientôt, nous l'espérons, se fondre en un moyen terme qui résume tout ce qu'elles ont de bon en évitant tout ce qu'elles ont de dangereux. Ces deux grands principes, également légitimes et qui ne deviennent mauvais que dès qu'ils se font exclusifs, sont la fraternité et l'individualisme. Un grand poëte, Lamartine l'a dit, et on peut le répéter après lui :

> Les siècles pas à pas épellent l'Évangile !...

Le dogme chrétien, en divinisant la souffrance, le renoncement et le sacrifice, a pu, dans des temps encore barbares, conduire à un idéal de fraternité égalitaire, de communisme impossible, contre lequel, par une réaction toute naturelle, l'esprit philosophique est venu protester au nom de la liberté individuelle. Et, à mesure qu'à son tour l'individualisme gagnait du terrain, nous avons vu les protestations au profit de l'idée de fraternité grandir leur voix et parler plus haut. Aujourd'hui enfin que l'égoïsme règne et gouverne, et que l'individualisme a porté tous ses fruits, de toutes parts les protestations éclatent, des voix s'élèvent, dont les paroles trouvent des échos dociles, et le vieil économisme aux abois poursuit de ses calomnies impuissantes le nouvel athlète qui groupe autour de lui tous les jeunes cœurs et toutes les jeunes intelligences. C'est que le passé a toujours tort contre l'avenir, et que l'avenir n'est ni au communisme ni à l'individualisme exclusifs, mais à l'association. Telle est du moins notre foi, et à cette heure il est du devoir de chacun de confesser la sienne.

Juin 1849.

TABLE DES MATIÈRES.

CHAPITRE SIXIÈME.

SOCIALISTES DU DIX-NEUVIÈME SIÈCLE.

CHAPITRE SEPTIÈME.

SOLUTION PRATIQUE.

FIN DE LA TABLE.